高等职业教育本科医疗器械类专业规划教材

医用增材制造技术及应用

（供新材料与应用技术专业用）

主　编　朱超挺

副主编　徐　依　胡　武

编　者　（以姓氏笔画为序）

史楷岐（苏州易合医药有限公司）

朱超挺（浙江药科职业大学）

刘建辉（中国药科大学）

许铁松（宁波慈北医疗器械有限公司）

李久涵（宁波慈北医疗器械有限公司）

胡　武（宁波汉科医疗有限公司）

胡　彬（浙江药科职业大学）

徐　依（宁波蓝野医疗器械有限公司）

中国健康传媒集团

中国医药科技出版社

内 容 提 要

　　本教材是"高等职业教育本科医疗器械类专业规划教材"之一，系根据高等职业教育本科人才培养方案和本套教材编写要求编写而成。全书共包括 9 章内容：增材制造技术概述、增材制造技术的常见工艺方法及其装备、医用增材制造技术的原材料、增材制造技术的一般工艺流程及性能测试、增材制造技术创新性结构设计、增材制造技术在口腔医学领域的应用、增材制造技术在椎间融合器的应用、增材制造技术在康复辅助器械行业的应用、增材制造技术在制药领域的应用。

　　本教材可供高等职业教育本科新材料与应用技术专业师生作为教材使用，也可作为相关从业人员的参考用书。

图书在版编目（CIP）数据

医用增材制造技术及应用/朱超挺主编.—北京：中国医药科技出版社，2024.3

高等职业教育本科医疗器械类专业规划教材

ISBN 978 - 7 - 5214 - 4349 - 3

Ⅰ.①医…　Ⅱ.①朱…　Ⅲ.①医疗器械 - 制造 - 高等职业教育 - 教材　Ⅳ.①TH77

中国国家版本馆 CIP 数据核字（2023）第 252449 号

美术编辑　陈君杞
版式设计　友全图文

出版　**中国健康传媒集团** | 中国医药科技出版社

地址　北京市海淀区文慧园北路甲 22 号

邮编　100082

电话　发行：010 - 62227427　邮购：010 - 62236938

网址　www. cmstp. com

规格　889mm × 1194mm $^1/_{16}$

印张　7 $^3/_4$

字数　216 千字

版次　2024 年 3 月第 1 版

印次　2024 年 3 月第 1 次印刷

印刷　河北环京美印刷有限公司

经销　全国各地新华书店

书号　ISBN 978 - 7 - 5214 - 4349 - 3

定价　**39.00 元**

获取新书信息、投稿、为图书纠错，请扫码联系我们。

数字化教材编委会

主　编　朱超挺
副主编　徐　依　胡　武
编　者　（以姓氏笔画为序）
　　　　史楷岐（苏州易合医药有限公司）
　　　　朱超挺（浙江药科职业大学）
　　　　刘建辉（中国药科大学）
　　　　许铁松（宁波慈北医疗器械有限公司）
　　　　李久涵（宁波慈北医疗器械有限公司）
　　　　胡　武（宁波汉科医疗有限公司）
　　　　胡　彬（浙江药科职业大学）
　　　　徐　依（宁波蓝野医疗器械有限公司）

前言 PREFACE

党的二十大会议指出，教育在社会主义现代化强国建设和中华民族伟大复兴征程中的重要使命，也明确指出教育培养德智体美劳全面发展的社会主义建设者和接班人。同时，《国务院关于加快发展现代职业教育的决定》《教育部关于深化职业教育教学改革全面提高人才培养质量的若干意见》等一系列重要指导性文件出台，明确了职业教育的战略地位和发展方向。

为全面贯彻国家教育方针，跟上医疗器械行业发展的步伐，将党的二十大精神和现代职业教育发展理念融入教材建设，编者们开展了本教材的编写工作。

医用增材制造医疗器械是按仿生形态学、生物体功能及微环境等要求，用增材制造的方式制造能模拟人体体内生物学结构和功能的医疗器械。其呈现出多领域学科交叉的技术特点：覆盖从临床采集患者数据到制造再到临床的过程，包括影像获取、产品设计、格式转换、材料控制、打印加工、后处理等各个环节，每一个环节都会对最终产品造成决定性的影响。随着增材制造技术的提高和精准医疗概念的推广，增材制造医疗器械，尤其是个性化植入器械和齿科器械开始在临床中应用。这就要求从事医疗器械增材制造教育的工作者或准备进入医疗器械增材制造专业的学生必须对医用增材制造技术有一个系统的了解和掌握。然而，目前针对医用增材制造的教材及相关专业人员较为缺乏，导致该领域的发展受到限制。由此，编写一本既可供专业教学，又可供医疗器械增材制造职业岗位培训以及其他人员拓展知识、了解行业，提供医用增材制造技术基本原理、操作规范和临床应用方面专业知识的教材就显得尤为重要。

本次编写基于医用增材制造行业人员的执业能力，以"理论知识＋案例分析"为教材编写逻辑主线，设计教材框架。前5章介绍理论知识，包括增材制造技术概述、增材制造技术的常见工艺方法及其装备、医用增材制造技术的原材料、增材制造技术的一般工艺流程及性能测试、增材制造技术创新性结构设计。上述理论知识部分主要培养学生对增材制造技术的基础性知识的理解。后4章主要是案例分析部分，包括增材制造技术在口腔医学领域的应用、增材制造技术在椎间融合器的应用、增材制造技术在康复辅助器具行业的应用、增材制造技术在制药的应用，案例结合了相关行业一线技术人员的实际经验，旨在通过真实产业产品的分析介绍，实现理论知识的迁移。

本教材适用于高等职业教育本科新材料与应用技术专业学生使用，也可用于康复与医疗器械相关专业，并可作为从事增材制造设备操作与维护人员的参考用书。本教材旨在培养学生在医用3D打印耗材标准、3D打印设备操作规程及3D模型设计等方面的能力。使其具备从事相关岗位的职业基本技能和素质，为考取相关职业资格证书奠定基础，促进学生职业核心能力的培养。为此，本教材邀请了医疗器械增材制造行业的一线技术专家参与教材的编写，融入了最新医疗产业数字化理念和资源，实现"医械产教融合"的概念。

本教材在编写过程中，参考了有关增材制造的书籍和文献资料，在此一并表示感谢。

受编者水平所限且学科处在不断发展之中，书中难免有遗漏之处，恳请读者和同行批评指正，以便修订时完善。

编　者
2023年10月

CONTENTS 目录

第一章 增材制造技术概述

学习目标

1. **掌握** 增材制造的定义；增材制造与减材制造的区别；增材制造的特点。
2. **熟悉** 增材制造的发展现状及医用增材制造技术的应用概况。
3. **了解** 医用增材制造技术的机遇与挑战。
4. 学会判别某个生产技术是否为增材制造；对常见增材制造技术进行分类。
5. 培养科学严谨的工作态度、实事求是和精益求精的工作作风以及良好的职业素养。

⇒ 案例分析

实例 某医院外科办公室，一位外科医生正拿着一个透明的肝胆1∶1模型跟患者和家属介绍接下来手术的过程。以前，主刀医生只能通过CT和MRI等图像对接下来的手术进行分析，现在通过1∶1模型还原，可以把手术风险降到最低，实现精准医疗，而且患者和家属更容易理解，避免过度紧张。

问题 1. 为什么现在医生可以还原患者的脏器模型？
2. 具体是通过什么技术实现的？

第一节 增材制造技术的定义及特点

一、增材制造的定义

增材制造（additive manufacturing，AM），又名3D打印，于20世纪80年代被首次引入，用于满足模型制作和快速成型的高度专业化需求，现已成为计算机辅助设计（CAD）和快速制造的通用技术平台。在文献中，术语增材制造、快速原型、分层制造、固体自由曲面制造、3D打印被用作同义词。虽然增材制造被大多数工程师所青睐，但"3D打印"这个术语在流行媒体中更为常见。

增材制造技术是指基于离散－堆积原理，由零件三维数据驱动直接制造零件的科学技术体系。其融合了计算机辅助设计、材料加工与成型技术，以数字模型文件为基础，通过软件与数控系统将专用的金属材料、非金属材料以及医用生物材料，按照挤压、烧结、熔融、光固化、喷射等方式逐层堆积，制造出实体物品的制造技术。

该技术以"逐层叠加"为核心思想，以三维模型为样本，实现了从无到有的加工过程。增材制造的基本原理如图1-1所示，具体来说分为以下几步：①使用CAD创建一个虚拟对象，然后数字化切片，其中有悬垂部分的物体用临时支撑结构，以防止在建造过程中倒塌；②虚拟物体和数字切片的坐标被用来控制电机，分别控制打印设备或3D分配器孔的位置；③打印过程通常是一层一层进行的，典型的层厚度为$15 \sim 500 \mu m$。当层厚低于$50 \mu m$时，分层制造方法的阶梯裸眼无法识别。当层厚较厚或要求较为苛刻时，可采用后处理方法去除支撑结构或改善表面性能。

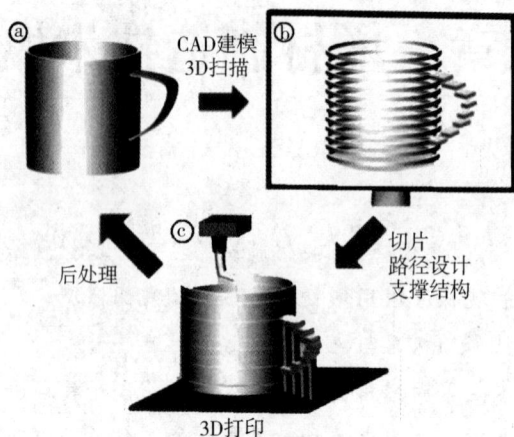

图 1-1　增材制造的基本原理

二、增材制造的特点

与传统的减材制造和模具注射成型技术相比，虽然 AM 在加工速度和质量上存在缺陷，但是其因为改变了传统的制造理念与方式，在制造领域拥有独一无二的优势。

1. 设计灵活　AM 技术采用逐层叠加的加工方式实现模型的加工，克服了模具、刀具等传统加工中道具的限制，使设计人员可以充分发挥想象力。

2. 个性化成本降低　传统减材制造技术对定制部件加工需配备专用模具。在小批量生产情况下，因其不能重复使用而会提高产品的加工成本。AM 技术无须模具，针对小批量、个性化产品具有明显的经济优势。

3. 原材料利用率高　传统的减材制造会产生大量废弃金属材料，但 AM 技术剩余的粉末回收后可再次利用。

4. 工序减少　传统制造工艺加工是以单个零件为单位，完成后再进行装配，而 AM 技术可以实现整体的一体化打印，减少装配环节的同时极大地减少了人工、时间成本。

🔗 知识链接

医疗器械增材制造相关法律法规

我国药品监督管理部门高度重视增材制造医疗器械的监管科学体系建设，从法律法规、指导原则、标准体系建设和科学研究等方面布局推进该领域的科学监管。2019 年 6 月，国家药品监督管理局和国家卫生健康委员会联合发布《定制式医疗器械监督管理规定（试行）》；同年 9 月，国家药品监督管理局发布了面向增材制造硬组织替代物的《无源植入性骨、关节及口腔硬组织个性化增材制造医疗器械注册技术审查指导原则》，并以此为核心先后发布了针对髋臼杯、人工椎体、下颌骨假体和椎间融合器的指导原则，以及针对增材制造纯钛、可降解镁金属、碳纤维聚醚醚酮等新材料产品的指导原则，初步构建了增材制造硬组织替代物的指导原则体系。

第二节　增材制造与减材制造的区别

1. 成型原理不同　减材制造是将原材料装夹固定于设备上，通过切削工具（刀具、磨具和磨料）把坯料或工件上多余的材料层切去成为切屑，使工件获得规定的几何形状、尺寸和表面质量的加工方法，也可以叫作切削加工。切削加工是机械制造中最主要的加工方法。虽然毛坯制造精度不断提高，精铸、精锻、挤压、粉末冶金等加工工艺应用日益增加，但由于切削加工的适应范围广，且能达到很高的精度和很低的表面粗糙度，在机械制造工艺中仍占有重要地位。

增材制造的基本原理：以计算机三维设计模型为蓝本，通过软件分层离散和数控成形系统，将三维实体变为若干个二维平面，利用激光束、热熔喷嘴等方式将粉末、树脂等特殊材料进行逐层堆积黏结，最终叠加成形，制造出实体产品。

2. 制造精度及速度不同　数控机床（CNC）加工的最大优势之一，是它能够实现非常严格的公差，通常为 +/ - 0.01 或 +/ - 0.025mm，以较大者为准。对于设计良好的零件，使用熔融沉积制造（FDM）技术可以实现 +/ - 0.05mm 或 +/ - 0.05mm 的公差，以较大者为准，如果优先考虑公差，CNC 加工是最好的制造选择。

3D 打印在个性化快速生产方面表现出色，根据零件的几何形状和尺寸，使用多射流融合（MJF）和熔融沉积制造（FDM）等技术的 3D 打印作业仅需要数小时就能完成。CNC 加工可能需要比 3D 打印更多的操作，机械师必须在构建过程中手动重新定位夹具或零件，从而延长了加工时间。但如果零件是一个简单的几何形状且加工次数有限，CNC 加工可能是一种更快的操作。

3. 制造复杂零件的能力不同　3D 打印可以自由地设计复杂的主图案，包括 CNC 加工无法实现的孔、有机形状和通道（图 1 - 2）。它还为零件整合打开了大门，其中多个组件可以组合成一个零件设计，以减少模具数量。CNC 加工图案可以实现复杂的几何形状，但设计越复杂，它就越依赖于手工制造和后处理。

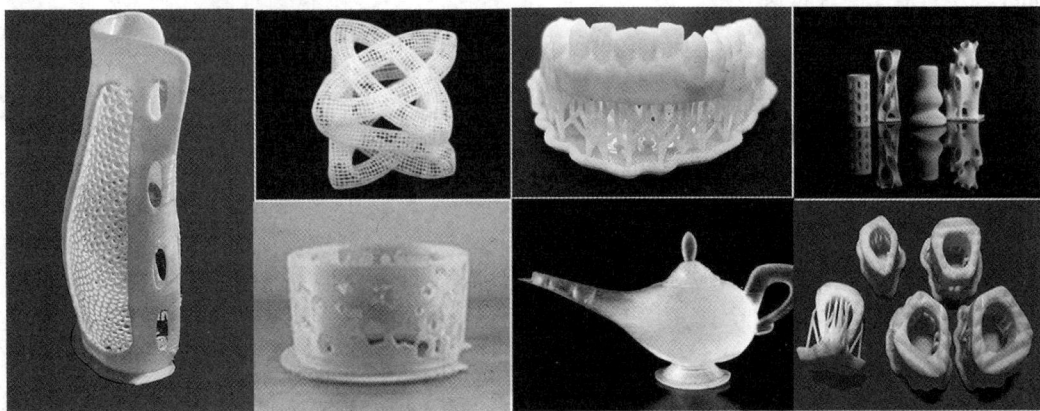

图 1 - 2　3D 打印制造的复杂实物图

4. 样品的力学性能不同　3D 打印采用逐层叠加的方式制造样品。由于每一层的连接力有限以及可 3D 打印耗材的限制，导致其力学性能与传统减材制造有一定差距（图 1 - 3）。例如，采用光固化原理的 3D 打印技术，由于所采用的耗材多为分子量不高的聚合物材料，导致其力学性能与传统热压成型使用的高分子量材料有所区别。

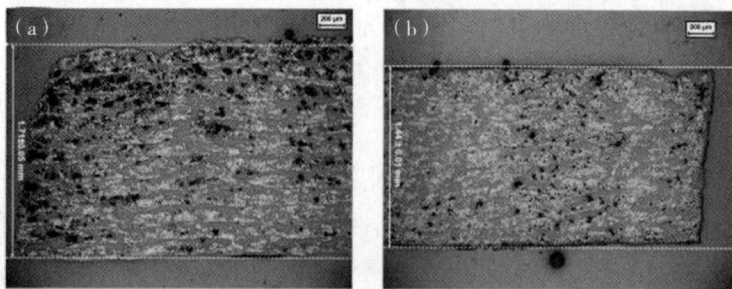

图 1-3 3D 打印（a）与热压成型（b）方式对材料力学性能的影响

第三节 增材制造技术的发展

增材制造的历史基础几乎可以追溯到 150 年前，当时人们利用二维图层叠加来成型三维的地形图。20 世纪 60~70 年代的研究工作验证了第一批现代 AM 工艺，包括 20 世纪 60 年代末的光聚合技术，1972 年的粉末熔融工艺，以及 1979 年的薄片叠层技术。然而，当时的 AM 技术尚处于起步阶段，几乎没有商业市场，对研发的投入也很少。

到 20 世纪 80~90 年代初，AM 相关专利和学术出版物的数量明显增多，出现了很多创新的 AM 技术，例如麻省理工学院的 3D 打印技术（3DP）、90 年代出现的激光束熔化工艺。同一时期，一些 AM 技术被成功商业化，包括光固化（SL）技术、固体熔融沉积技术（FDM），以及激光烧结技术（SLS）。但是在当时，高成本、有限的材料选择、尺寸限制以及有限的精度，阻碍了 AM 技术在工业上的应用，所以只能用于小量快速原型件或模型的制作。

20 世纪 90 年代和 21 世纪初是 AM 的增长期。电子束熔化（EBM）等新技术实现了商业化，而现有技术也得到了改进。研究者的注意力开始转向开发 AM 相关软件。出现了 AM 的专用文件格式，AM 的专用软件，如 Materialise 的 Magics 开发完成。设备的改进和工艺的开发使 3D 增材制造产品的质量得到了很大提高，开始被用于工具甚至最终零件。

2000 年代后期，金属的 AM 技术在众多 AM 技术中脱颖而出，成为市场关注的重点。金属增材制造技术的设备，材料和工艺相互促进发展，多种不同的金属增材技术互相竞争，互相促进，不同的技术特点开始展现，应用方向也逐渐明朗。

2016 年，国务院印发《"十三五"国家科技创新规划》，提出发展增材制造等技术；2017 年，科技部印发《"十三五"先进制造技术领域科技创新专项规划》，将增材制造作为重点任务发展，3D 打印成为国家重点资助领域。2018 年，国内拥有约 90 家涉及 3D 打印业务的公司，近半数企业为 2016 年后进入市场。2020 年，拥有增材制造产业链的企业超过千余家，以增材制造为主要业务的规上企业数从 2016 年的 20 余家增长到 2022 年的近 200 家。目前，我国在 SLM 等主流金属 3D 打印技术和设备制造方面，已经达到世界先进水平。

第四节 增材制造在医学领域的机遇与挑战

一、增材制造在医学领域的机遇

最近沃勒斯的报告预测，到 2020 年，增材制造行业将从 2016 年的 61 亿美元增长到 210 亿美元。生物医学市场目前占 AM 总市场份额的 11% ，并将成为 AM 进化和增长的驱动力之一。

生物制造包括通过生物打印、生物组装和成熟生成组织和器官。生物制造与传统 AM 之间的主要区别，是将细胞与制造的生物材料结合在一起，以生产所谓的生物墨水。使用生物墨水的生物打印与激光诱导前向转移、喷墨打印和机器人点胶集成在一起。这些专门的技术得到了很好的讨论。结合生物分子和细胞的生物材料然后在所需的形状和组织中成熟。生物材料是组织结构生成的支撑和物理线索，生物分子则是组织再生过程的指导。多种生物墨水和细胞将与更复杂的组织和器官相结合。先进的成像技术将使获得缺陷部件的精确形状、大小和成分成为可能。此外，使用来自患者的自体细胞将降低产生器官/组织的排斥风险。软骨、骨、主动脉瓣、分枝血管树和生物可吸收气管夹板的制造，已在体外或体内进行。原位生成组织用以直接修复体内器官和组织，是生物制造的另一个重要目标，在一定程度上，皮肤、骨骼和软骨已经实现这一目标（图 1-4）。生物制造部件还将用作毒性试验模型、疾病模型和药物不良反应测试模型。

图 1-4 3D 打印颌骨的缺陷

制药行业从 AM 中获益良多。因此，药物制造和输送系统将发生根本变化。美国食品药品管理局（FDA）已于 2015 年批准了首个 AM 药物。新型 AM 药物输送系统正在开发中：固体剂型（因其易于商业化而被研究最多）；植入式药物输送；局部给药系统。AM 可以通过改变药物的 3D 形状、给药系统的微观结构以及活性物质的位置来控制药物的释放谱。使用 AM 已经创建新的剂型，如微胶囊、抗生素微模式、合成细胞外基质、介孔生物活性玻璃支架、纳米悬浮液和多层给药装置。它将有可能根据剂量和特殊的药物遗传学特征，按需生产个性化药物。更多的药物可以组合在一片药片中，并控制单个药物的释放。

AM 还改变了植入物行业，即现在可以开发患者特异性植入物。目前，开发流程包括身体部位的图像采集、制作、植入物设计和制造，均采用 CAD 软件。解剖复杂的几何形状可以通过可靠和成本效益的 AM 方法快速制造。针对患者的 AM 植入物已经可用，但大多数仅在患者明确授权的情况下用于试验。在未来，工艺和材料的一致性将是获得监督管理部门最终批准的基础。

复杂的几何特征也可以在植入物中实现。例如，低刚度和高强度的晶格结构正在被研究，以消除（或减少）植入物和骨骼之间的应力屏蔽。一些晶格结构可以受到仿生学的启发。AM 自由形态的可能性允许将这种机械功能与其他因素的优化相结合，如组织长入、骨整合、营养物质、废物和抗生素的运输、生物相容性和生物可吸收性。具有梯度结构的晶格也可以改变局部性质，从而优化植入行为。例如，晶格可以在内部表现出更高的刚度以承受更高的负载，在外部表现出更高的孔隙率以帮助骨长入。

二、增材制造在医学领域的挑战

（一）增材制造在医学领域面临的挑战

AM 已经应用于生物医学行业，并将成为未来的主角。然而，一些挑战必须解决。

1. 安全性问题 AM 生物医学产品需要政府药品监督管理部门的批准。生物医学行业目前主要集中在Ⅰ类设备上，这类设备较易获得批准。然而，大量Ⅱ类和Ⅲ类器械仍在开发和审批，有部分Ⅱ类和Ⅲ类产品已获批准。

2. 材料有限 传统的生物材料通常不能 3D 打印，而性能最好的 AM 材料也不具有生物相容性。因此，新技术和新材料的开发非常重要。

3. 质量不一致 AM 材料的力学性能尚未得到适当表征。AM 材料和工艺参数可极大影响最终性能。

（二）增材制造在医学领域的发展趋势

1. 按需和患者特定应用的发展 将 CT 扫描结果和设计分析与 AM 技术相结合的自动方法的开发将快速制造患者特异性植入物成为可能。此外，药物和药物输送系统的开发将基于患者的需求和特征。

2. 复杂部件 机械性能，细胞附着和生长，营养物质、废物和抗生素的运输，生物相容性和生物可吸收性是生物医学植入物的一些重要因素。AM 可以通过新颖的设计同时优化这些性能，可以开发具有先进功能和效率的功能复合材料，如金属植入物涂层、陶瓷涂层。

3. 生物打印和原位打印 研究和开发可能有助于提升生物打印支架和组织的临床应用，并提高 AM 在组织工程中的成本效益。在未来，原位修复器官和组织将成为可能。制造 AM 人造器官的研究正在进行中，包括血管化、神经支配和实现每个器官提供的多功能。这些器官可能会与电子设备（生化器官）相结合，例如仿生耳朵，它被用作感应线圈来接收听觉的电磁信号。

目标检测

答案解析

一、选择题

1. 以下不属于增材制造技术的是（　　）
   A. CNC 技术　　　　　　B. 快速原型制造　　　　　C. 分层制造　　　　　　D. 3D 打印

2. 以下不属于增材制造技术优点的是（　　）
   A. 自由成型制造　　　　　　　　　　　　B. 制造过程快速
   C. 具有个性化特征　　　　　　　　　　　D. 可批量标准化生产

3. 以下不属于增材制造与减材制造的区别的是（　　）
   A. 成型原理不同　　　　　　　　　　　　B. 设计方式不同
   C. 可实现的最大精度不同　　　　　　　　D. 所制造的样品力学性能不同

二、简答题

1. 简述增材制造的定义。
2. 简述增材制造的实施过程。
3. 增材制造技术在生物医学领域应用的挑战有哪些？

书网融合……

本章小结

第二章 增材制造技术的常见工艺方法及其装备

学习目标

1. **掌握** 选择性激光烧结的原理、设备及工艺。
2. **熟悉** 光固化成型的几种常见工艺及设备特点。
3. **了解** 生物3D打印技术的技术特点及发展趋势。
4. 学会区分不同3D打印技术的特点及耗材要求。
5. 培养科学严谨的工作态度、实事求是和精益求精的工作作风以及良好的职业素养。

→ 案例分析 --

案例 随着3D打印技术的发展,义齿类企业开始从手工制作向数字化制备方向发展。如某企业开始采用口腔立体扫描仪对口腔石膏模型进行扫描,从而获得三维模型。后续导入设计软件进行对缺损牙的调整,并将设计好的模型采用光固化打印机对模型进行打印。通过上述操作可以极大提高后续义齿设计制作的准确性。

问题 1. 为什么现在义齿技师可以还原齿科模型?

2. 具体是通过什么技术实现的?

第一节 概 述

增材制造(3D打印)是以数字模型为基础,按照一定分层厚度和预定堆积轨迹将金属或非金属材料逐层叠加制造出特定模型或者结构的新兴制造技术。

我国自20世纪90年代初,在国家科技部等多部门持续支持下,华中科技大学、清华大学、北京航空航天大学、西北工业大学、西安交通大学等在典型的成型设备、软件、材料等方面的研究和产业化方面获得了重大进展。目前,我国以及各省区域积极发展和支持增材制造,成立国家增材制造创新中心、西安增材制造国家研究院有限公司以及各地方3D打印中心等。近年来,伴随增材制造快速发展,3D打印逐渐向航天、石油、化工、电子、医疗以及教育等多领域发展,打印设备从高端型逐步向低成本普及型发展,打印材料也向金属丝材、粉末、热熔塑料、液体树脂等多样化发展,打印模型逐渐从单一模型向高精度装配模型发展,同时打印服务逐渐同个体化定制模式、互联网 + 、传统制造业向兼容和结合模式发展,逐渐形成响应新时代召唤下的"大众创新,万众创业"的3D打印新模式。

鉴于增材制造工艺及其材料快速发展,中国机械工业联合会提出国家标准 GB/T 35351—2017《增材制造 术语》以及 GB/T 35021—2018《增材制造 工艺分类及原材料》。两个标准针对现有增材制造工艺进行分类,根据成型原理给出了7种增材制造工艺,分别为立体光固化、材料喷射、黏结剂喷射、粉末床熔融、材料挤出、定向能量沉积和薄材叠层。

国家增材制造创新中心

国家增材制造创新中心位于西安，是国家落实《中国制造2025》而布局规划建设的增材领域唯一的国家级创新中心。创新中心对整合全国优势资源，聚集增材制造领域的优势科研团队、优势技术公司、主要工业界用户和投融资机构，促进增材制造共性技术研究、标准制定及产业化，推动装备制造业高端发展、工业转型升级具有十分重要的意义。西安增材制造国家研究院有限公司作为国家增材制造创新中心的依托公司和承载主体，由西安交通大学、北京航空航天大学、西北工业大学、清华大学和华中科技大学5所大学及增材制造装备、材料、软件生产及研发的13家重点企业于2016年共同组建，公司汇聚国内外高端人才及相关国家重点实验室、工程中心和工程实验室等科研资源，为国内制造业的转型和创新发展提供重要支撑，更好服务《中国制造2025》。

第二节　选择性激光烧结

选择性激光烧结（SLS）技术因其物料消耗少和材料稳定性高而被视为最实用的快速成型技术之一，通常采用高强度激光束（如 CO_2 激光束、红外激光束和光纤激光束等）烧结薄层粉聚合物形成三维固体烧结件，进一步借助 CAD 建立该烧结件的模型，切片形成层-层的工业标准 SLS 文件，其工作原理如图 2-1 所示。

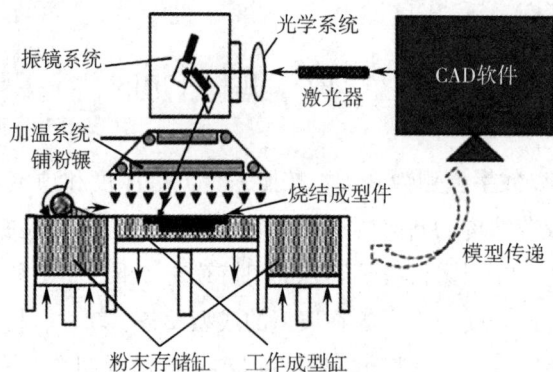

图 2-1　选择性激光烧结成型技术原理

在实际烧结过程中，激光束根据切片文件中的截面信息选择性地扫描粉体材料表面，形成具有特定规格的烧结原件。随着激光束与粉体材料的不断接触与相互作用，粉体表面的温度不断升高，从而导致粉末相互聚集成实体件。后续层通过上辊前面的烧结层直接沉积在以前的烧结层上形成新层结构，这种层-层的生长沉积方法提高了材料本身的力学性能和热力学性能。借助该原理能够处理多种复杂材料（如塑料、陶瓷、石蜡、金属等），制备出任意设计形状的烧结件。

相比传统的加工制造技术，SLS 技术能够快速、经济、循环生产大而复杂的器件，且不需要由固体粉末床悬垂和支撑，烧结产品具有防水、高压灭菌、高精度、用途广泛等优点。但同时 SLS 也存在一定的缺陷，例如 SLS 加工件的光滑程度低于光固化（SLA）加工件。

一、选择性激光烧结技术的原理

选择性激光烧结加工过程是采用铺粉辊将一层粉末材料平铺在已成型零件的上表面，并加热至恰好低于该粉末烧结点的某一温度，控制系统控制激光束按照该层的截面轮廓在粉层上扫描，使粉末的温度升至熔化点进行烧结，并与下面已成型的部分实现黏接。当一层截面烧结完后，工作台下降一个层的厚度，铺料轮又在上面铺上一层均匀密实的粉末，进行新一层截面的烧结，直至完成整个模型。在成型过程中，未经烧结的粉末对模型的空腔和悬臂部分起着支撑作用。当实体构建完成并在原型部分充分冷却后，粉末块上升至初始的位置，将其拿出并放置到后处理工作台上，用刷子刷去表面粉末，露出加工件，其余残留的粉末可用压缩空气除去。

二、选择性激光烧结技术的典型设备与原料

（一）典型设备

SLS 设备主要由机械系统、光学系统和计算机控制系统组成。机械系统和光学系统在计算机控制系统的控制下协调工作，自动完成制件的加工成型。

机械结构主要由机架、工作平台、铺粉机构、两个活塞缸、集料箱、加热灯和通风除尘装置组成。虽然国内在快速成型设备及工艺研究起步较晚，但是随着国家政策的支持和技术人员的不懈努力，目前已经有许多优秀的厂家及产品脱颖而出，如图 2 - 2 所示，这是国内某企业推出的一款适用于中小企业的国产化工业级 SLS 打印设备。

图 2 - 2　国产化的工业级 SLS 打印设备

（二）典型原料

SLS 技术的成型材料有很多，主要包括塑料粉末、金属粉末和陶瓷粉末 3 种类型。其粉末粒度一般在 $50 \sim 125 \mu m$ 之间，如图 2 - 3 所示。

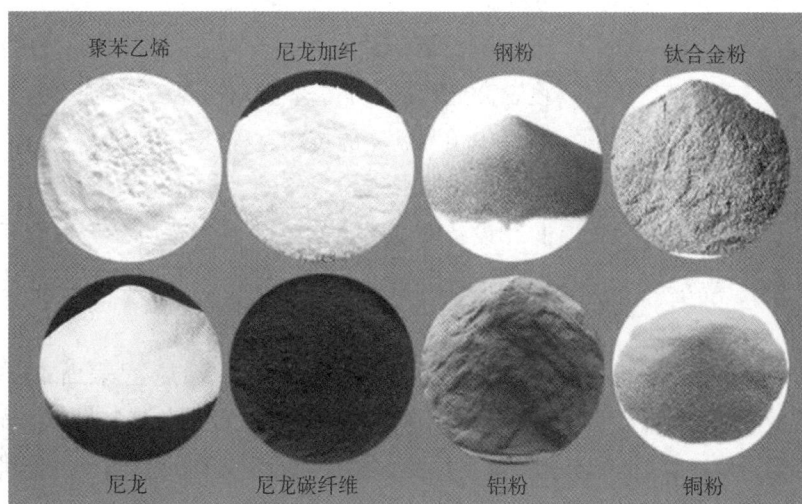

图 2 - 3　SLS 常用烧结原料

1. 塑料粉末 SLS　特点：尼龙、聚苯乙烯、聚碳酸酯等均可作为塑料粉末的原料。一般直接用激光烧结，不做后续处理。

2. 金属粉末 SLS　特点：原材料为各种金属粉末。按烧结工艺不同又可分为直接法、间接法、双组元法。由于金属粉末 SLS 时温度很高，为防止金属氧化，烧结时必须将金属粉末放置于充满保护性气体（氮气、氩气、氢气等）的容器中。该工艺也称激光选区熔化成型法，即 SLM 工艺，可视为 SLS 工艺的一个重要分支。

3. 陶瓷粉末 SLS　特点：陶瓷粉末在烧结时要在粉末中加入黏结剂。黏结剂有无机黏结剂、有机黏结剂和金属黏结剂 3 类。

三、选择性激光烧结技术的操作流程及关键工艺

（一）主要操作流程

由于 SLS 技术采用的原料种类包括高分子粉末、金属粉末、高分子金属共混粉末以及陶瓷粉末等。针对不同的原料，其操作流程稍有不同，但总体的操作思路是相似的。其制造过程主要包括如下过程。

1. 前处理　包括 CAD 三维模型的设计、将模型以 STL 格式导入 SLS 切片系统中。

2. 参数设置及打印　在 SLS 软件中设置工艺参数，包括层厚、激光扫描速度和扫描方式、激光功率、烧结间距等。当成型区域的温度达到预定值时，开启 SLS 仪器进行打印；当所有叠层自动烧结叠加完毕后，需要将原型在成型缸中缓慢冷却至40℃以下，取出原型并进行后处理。

3. 后处理　针对不同烧结材料实施不同的后处理。如高分子材料，烧结之后强度不足，需使用渗蜡或者渗树脂等补强。

（二）高分子粉末材料烧结工艺

和其他快速成型工艺方法一样，高分子粉末材料激光烧结快速成型制造工艺过程同样分为前处理、参数设置及打印、后处理过程三个阶段（图2-4）。

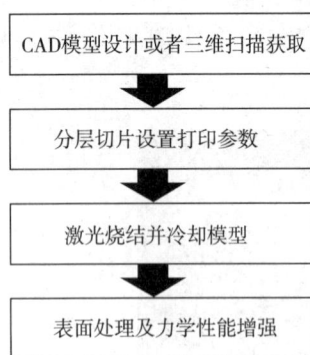

1. 前处理　前处理阶段主要完成模型的三维 CAD 造型，或者可采用三维扫描仪对实物进行扫描，从而获得 STL 格式的三维模型，并经 STL 数据转换后输入粉末激光烧结快速成型系统中。

2. 分层切片　在 SLS 对应的分层切片软件中设置如分层厚度、激光扫描方向等参数对三维 CAD 模型进行切片分析，可在软件中预览具体的打印过程及分层结构。

3. 激光烧结　将切片后的数据导入 SLS 打印系统，在 SLS 打印设备中设置预热温度、激光功率等参数后，启动设备开始打印。打印完成后，不要立即取出模型。等其冷却至一定温度后，再取出模型。

CAD模型设计或者三维扫描获取 → 分层切片设置打印参数 → 激光烧结并冷却模型 → 表面处理及力学性能增强

图2-4　高分子粉末材料激光烧结工艺

4. 后处理　由于激光烧结过程中温度梯度的问题，导致 SLS 烧结的模型表面难以像 CNC 机加工一样的平整。因此，往往需要表面处理以获得较为光滑平整的表面。此外，SLS 制备的高分子模具由于材料及成型方式的原因，往往力学性能有所下降。因此，需要通过后处理对其力学性能进行补强。

（三）金属烧结工艺

金属烧结工艺分为金属模型间接烧结及金属模型直接烧结两种方式，其具体过程如图 2 - 5 所示。

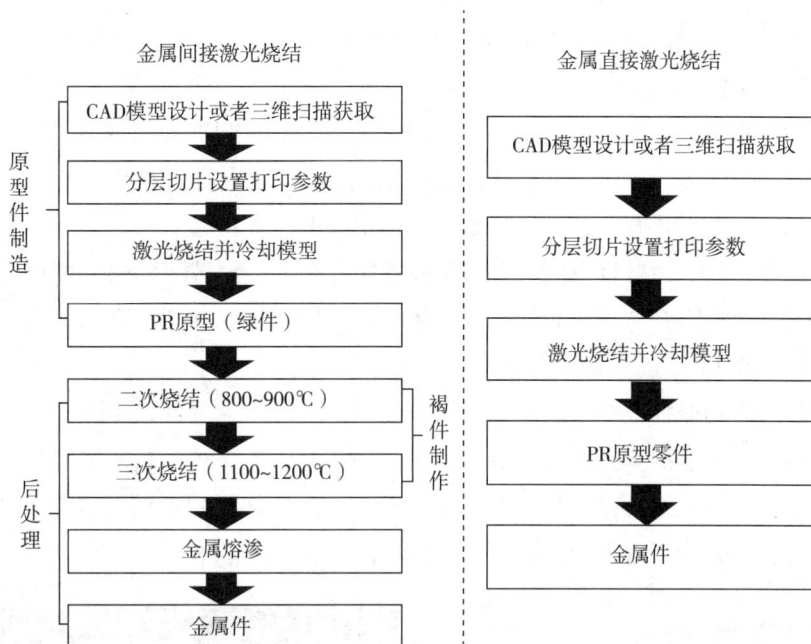

图 2 - 5 金属模型间接烧结及金属模型直接烧结工艺流程图

1. 金属模型间接烧结工艺 使用的材料为混合有树脂材料的金属粉末材料，SLS 工艺主要实现包裹在金属粉粒表面树脂材料的黏接。基于 SLS 方法金属零件间接制造工艺过程主要分三个阶段：①SLS 原型件（"绿件"）的制作；②粉末烧结件（"褐件"）的制作；③金属熔渗后处理。

（1）SLS 原型件制作阶段 该阶段关键在于，如何选用合理的粉末配比和加工工艺参数实现原型件的制作。试验表明，对 SLS 原型件成型来说，混合粉体中环氧树脂粉末比例高，有利于其准确致密成型，成型质量高。但环氧树脂黏结剂含量过高，金属粉末含量过低，则会出现"褐件"制作时的烧失"塌陷"现象和金属熔渗时出现的局部渗入不足现象。可见，粉末材料配比将严重影响原型件及"褐件"的制作质量，而且两阶段对配比的要求相互矛盾。原则上必须兼顾"绿件"成型所需的最少黏结剂成分，同时又不致因过高而导致"褐件"难以成型。实际加工中，环氧树脂与金属粉末的比例一般控制在 1：5 ~ 1：3 之间。

（2）"褐件"烧结阶段 需注意烧结温度和时间。应控制合适的烧结温度和时间，随着黏结剂烧失的同时，使金属粉末颗粒间发生微熔黏接，从而保证原型件不致塌陷。

（3）金属熔渗阶段 需选用合适的熔渗材料及工艺，以获得较致密的最终金属零件。原型件烧结完成后，经过二次烧结与三次烧结，得到一个具有一定强度与硬度、内部具有疏松性"网状连通"结构的"褐件"。这些都是金属熔渗工艺的有利条件。试验表明，合适的熔渗材料对形成金属件的致密性有较大影响。所选渗入金属必须比"褐件"中金属的熔点低，以保证在较低温度下渗入。

2. 金属模型直接烧结工艺 采用的材料是纯粹的金属粉末，是采用 SLS 工艺中的激光能源对金属粉末直接烧结，使其融化，实现叠层的堆积。由工艺过程示意图可知，成型过程较间接金属零件制作过程明显缩短，无须间接烧结时复杂的后处理阶段。但必须有较大功率的激光器，以保证在直接烧结过程中金属粉末的直接熔化。因而，直接烧结中激光参数的选择、被烧结金属粉末材料的熔凝过程及控制是烧结成型中的关键。

3. 陶瓷粉末烧结工艺   粉末床融合（PBF）工艺，最初被称为选择性激光烧结（SLS）或选择性激光熔化（SLM），通过选择性应用激光能量在逐层工艺中融合粉末，生产出三维零件，如图2-6所示。该工艺的独特之处在于它可以是直接或间接的陶瓷AM工艺。如果使用高功率激光可以熔化或完全烧结陶瓷粉末，则直接生成具有最终性能的致密部分，无须进一步加工。相反，如果激光只是部分熔化或加入粉末，则需要后处理步骤才能获得最终性能。与其他粉末床工艺一样，PBF的优点是悬垂由未结合的粉末支撑，在后处理步骤中去除。由于"绿件"的相对密度较低，PBF在结构陶瓷中的应用取得了有限的成功。提高最终烧结密度的一种潜在方法是在热解和烧结之前对打印的生坯进行等静压。其他挑战包括表面光洁度不佳和热梯度诱导开裂，这些限制了几何形状和整体尺寸。

用于先进陶瓷的原始粉末床融合方法需要将陶瓷粉末涂覆在一层薄薄的聚合物层上，该聚合物层由激光束熔化，选择性地将粉末黏结在一起形成绿色体。后处理，即黏结剂去除和烧结，以获取生产最终部分。研究人员使用单步PBF工艺成功制造致密陶瓷部件的案例相对较少，因为热冲击会导致部件失效，并且是快速加热和冷却循环产生熔池的固有原因。因此，许多方法创建多孔支架，随后渗透熔融聚合物或金属材料。该工艺生产的复合材料零件具有更好的韧性。为了减少热冲击引起的开裂，可以对每层粉末进行预热，从而减小未结合粉末与熔池之间的温差。陶瓷材料PBF的另一个复杂性是它们相对于金属粉末的低密度，这进一步阻碍了精细陶瓷粉末的流动性。

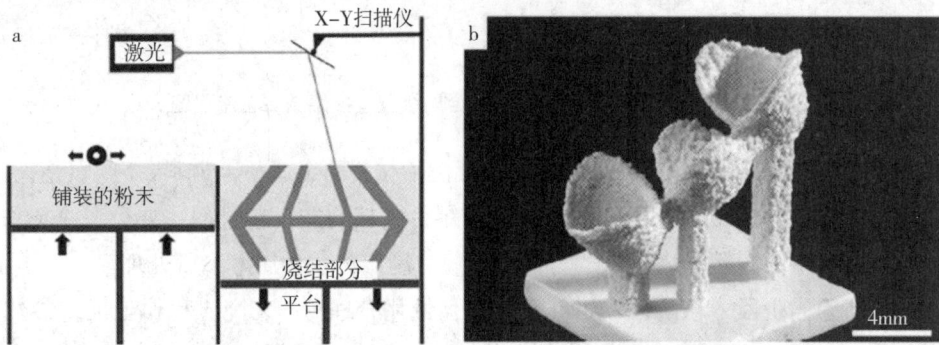

图2-6   粉末床融合技术示意图（a）；具有可接受力学性能的全致密氧化锆增韧氧化铝牙科修复体（b）

（四）关键工艺

影响SLS成型精度的因素很多，例如SLS设备精度误差、CAD模型切片误差、扫描方式、粉末颗粒、环境温度、激光功率、扫描速度、扫描间距、单层层厚等。烧结工艺参数对精度和强度的影响是很大的。激光和烧结工艺参数，如激光功率、扫描速度和方向及间距、烧结温度、烧结时间以及层厚度等对层与层之间的黏接、烧结体的收缩变形、翘曲变形甚至开裂都会产生影响。下面我们主要介绍几个影响最终打印产品精度的工艺参数。

1. 激光功率   随着激光功率的增加，尺寸误差向正方向增大，并且厚度方向的增大趋势要比长宽方向的尺寸误差大，这主要是因为对于波长一定的激光，其光斑直径是固定的。当激光功率增加时，光斑直径不变。但向四周辐射的热量会增加，这样导致长宽方向的尺寸误差随着功率的增加向正误差方向增大。由于激光的方向性，导致热量主要沿着激光束的方向进行传播。所以随着激光功率的增加，厚度方向即激光束的方向，更多的粉末烧结在一起。

当激光功率增加时，强度也随着增大。因为当激光功率比较低时，粉末颗粒只是边缘熔化而黏接在一起，球形的颗粒粉末之间存在着大量的孔隙，使得强度不会很高。当激光功率增大到一定程度时，粉末颗粒完全熔化到固化。层内和层间的粉末已经不是一个个的颗粒了，而是熔化烧结成一个固体，使得致密度提高，强度也随之有相当大的提高。但是，激光功率过大会加剧因熔固收缩而导致的制件翘曲变形，所以，要综合选用激光和烧结工艺参数。

2. 扫描速度 当扫描速度增大时，尺寸误差向负误差的方向减小，强度减小。扫描速度对原型尺寸精度和性能的影响正好与激光功率的影响相反。扫描速度增大，则单位面积上的能量密度减小，相当于减小了激光功率，但扫描速度对快速成型的效率有一定的影响，所以要根据实际情况来选择。

3. 烧结间距 随着扫描间距的增大，尺寸误差向负误差方向减小，同时强度减小。扫描间距就是两条激光扫描线之间的距离。扫描间距越小，单位面积上的能量密度越大，粉末熔化就越充分，制件的强度越高。扫描间距越小，两束激光的重叠部分就越大。温度也会升高，这使得更多的粉末烧结在一起，导致尺寸误差向正误差方向增大。相反，当扫描间距增大时，尺寸误差向负误差方向减小，强度降低。但是，扫描间距也是影响成型效率的一个重要指标，间距越大，成型效率越高，所以在实际生产中，应综合考虑，选取合适的扫描间距。

4. 单层层厚 随着单层层厚的增加，强度减小，尺寸误差向负方向减小。随着层厚增加，各层粘接的牢固程度逐渐减弱，容易剥离，甚至最终只能得到沿叠层方向的一系列面片。所以，随着层厚的增加，强度逐渐减弱。层厚增加，需要熔化的粉末增加，向外传递的热量减少，使得尺寸误差向负方向减小。单层层厚对成型效率有很大的影响，应根据零件的形状进行综合考虑。

5. 预热 是 SLS 工艺中的一个重要环节，没有预热，或者预热温度不均匀，将会使成型时间增加，所成型零件的性能低和质量差，零件精度差，或使烧结过程完全不能进行。对粉末材料进行预热，可减小因烧结成型时受热在工件内部产生的热应力，防止其产生翘曲和变形，提高成型精度。

四、选择性激光烧结技术的优缺点

（一）优点

1. 成型材料多样性、价格低廉 是 SLS 最显著的特点。理论上，凡经激光加热后能在粉末间形成原子连接的材料都可作为 SLS 成型材料。目前，已商业化的材料主要有塑料粉、蜡粉、覆膜金属粉、表面涂有黏结剂的陶瓷粉、覆膜砂等。

2. 对制件形状几乎没有要求 由于下层的粉末自然成为上层的支撑，故 SLS 具有自支撑性，可制造任意复杂的形体，这是许多 RP 技术所不具备的。成型不受传统机械加工中刀具无法到达某些型面的限制。

3. 材料利用率高 未烧结的粉末可以重复利用。

4. 制件具有较好的力学性能 成品可直接用作功能测试或小批量使用。

5. 实现设计制造一体化 配套软件可自动将 CAD 数据转化为分层 STL 数据，根据层面信息自动生成数控代码，驱动成型机完成材料的逐层加工和堆积，不需人为干预。

（二）缺点

（1）设备成本高昂。

（2）制件内部疏松多孔、表面粗糙度较大、机械性能不高。

（3）制件质量受粉末的影响较大，提升不易。

（4）可制造零件的最大尺寸受到限制。

（5）成型过程消耗能量大，后处理工序复杂。

五、选择性激光烧结技术的医学应用实例

1. 医用模型   随着医学技术的发展，已能够通过 CT/MRI 的扫描数据，重建出三维图像。这对了解病情以及手术的规划有一定的指导作用。对一些比较复杂的手术，对患者病情的完全理解全凭外科医生丰富的经验。如将 CT/MRI 扫描的数据，用 3D 打印技术制作出患处的实体模型，不仅可以用于对年轻医生的医学培训，而且有利于对患者的精确诊断，进行术前讨论和术前模拟手术，提高手术的准确性。

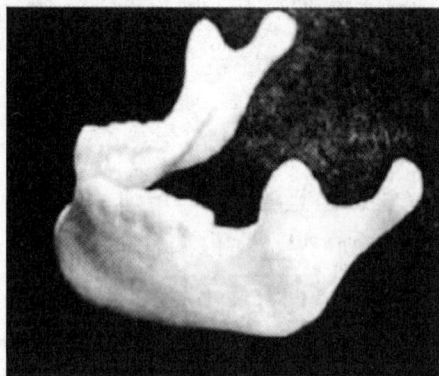

图 2-7   SLS 工艺制作的下颌骨蜡模

有学者用四排螺旋 CT 扫描机对下颌骨标本进行平扫，得到的数据由 MIMICS 7.10 转换后得到 STL 文件，用 Surfacer 10.5 直接读取后观察重建下颌骨的三维形态，去除杂点，以蜡粉为原料，用选择性激光烧结技术烧结出了下颌骨蜡模（图 2-7）。可用于术前诊断和手术规划，同时根据患者的实际情况个性化地设计手术，为 SLS 技术在口腔领域的应用做出了初步的探索。

2. 植入体和赝复体   口腔颌面部如眼、耳、鼻等缺损的修复，由于受患者身体条件及修复技术等多种因素的限制，仍采用赝复体修复。传统的制作方法——手工制作法制作的赝复体精度难以保证，制作周期长，与缺损面衔接精度不完美。因此，传统制作方法在临床医学上的应用受到了很大的限制。目前，基于快速成型的 SLS 技术也用于制作赝复体，蜡模精度高、可操作性强，解决了外形精度的问题，缩短了制作周期，满足了患者个性化的需求。

用于制作赝复体的最终材料是硅橡胶。现在的加工方法还不能直接得到硅胶赝复体，因此需要进行中间模型转换。有研究者用三维激光扫描仪对标准石膏鼻模进行扫描获得三维数据，然后用选择性激光烧结法烧结出蜡模，高压汽枪冲洗后常规充填硅橡胶，开盒去除多余的毛边，染色，最终得到硅胶鼻模赝复体（图 2-8）。对获得的蜡鼻膜、硅胶鼻膜和石膏鼻膜进行测量对比，测量数值无明显差异，可以满足临床需要。说明用 SLS 法制作蜡模是一个理想的选择。

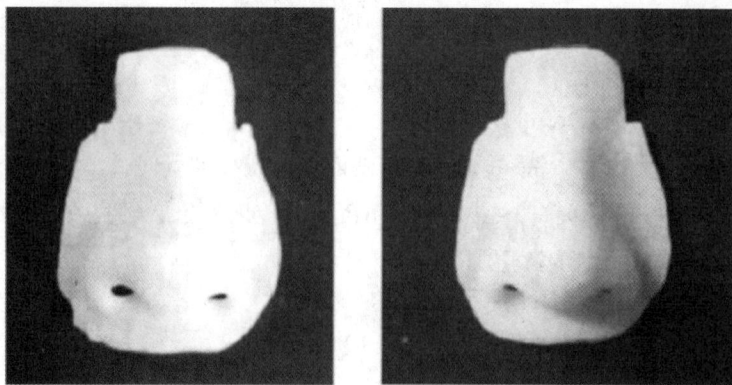

图 2-8   SLS 工艺制作的蜡模及硅胶模

3. 组织工程支架   作为细胞增殖的载体移植到人体内，为细胞的生长与增殖提供一个临时的支撑，因此它必须具备三维多孔结构以满足细胞的增殖、营养与代谢物的传递。传统方法加工的支架力学性能不足，内部孔隙相互贯通程度低，孔隙率和孔分布的可控性差，特别是用于临床上，支架的个性化程度

不够，影响了支架复合细胞植入体内的修复效果。此外，在溶剂浇铸/粒子沥滤法制备过程中，所用的有机溶剂具有较高的毒性，可能会残留在支架的部分区域引起炎症或者其他症状。而 SLS 技术可直接选择具有生物性能的材料作为加工材料，并且可以通过调整主要参数来控制孔隙率和孔径大小，从而得到较好的微观结构（图 2-9）。

图 2-9 传统方法加工的支架（a）和 SLS 技术加工的支架（b）

Liu FH 以 HA 粉末与二氧化硅溶胶以 3∶7 的比例混合得到的浆体为原料，用 SLS 技术得到 HA-silica 中空骨支架（图 2-10），支架表面孔径大小为 $5 \sim 25\mu m$，加入细胞进行体外培养后对细胞的密度进行测试。结果表明，用 SLS 方法得到的 HA-silica 骨支架适合细胞的生长。

4. 药物传送装置 是一种药物控制释放装置，它的优点是能够维持血药浓度水平、减少给药次数、降低药物毒性、提高药物疗效等。理想的药物缓释装置进入人体，应能使药物以零级动力学速率进行持续给药，随着药物的缓慢释放，装置也会被缓慢吸收或者是排出体外。目前用于药物缓释载体制备的方法主要是静电纺丝法。采用该法制备药物缓释装置时对材料有一定要求，因此存在局限性。而 SLS 技术材料具有选择范围广、无支撑、可加工复杂内部结构等优点，成为药物缓释装置制备最理想的方法。

Leong K F 等为了验证生物材料制作药物控制释放装置的可行性，用 PCL 和 PLLA 两种材料进行激光选区烧结。图 2-11 是烧结的聚合物圆柱形药物传送装置。用 SLS 法烧结的试件孔隙率超过 50%，可以承载一定剂量的药物。为选择性激光烧结技术在药物传送装置的研究上提供了一个很好的参考实例。

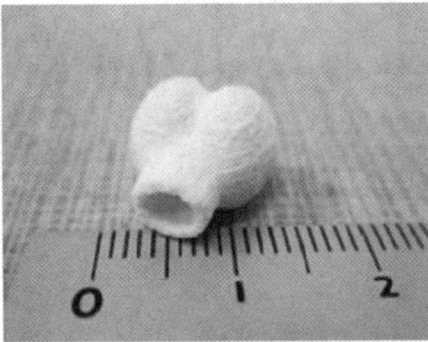

图 2-10 SLS 中空骨支架

图 2-11 聚合物圆柱形药物传送装置

第三节　光固化成型

光固化快速成型（stereo lithography apparatus，SLA）是最早发展起来的快速成型技术。利用材料累加成型的基本原理，以液态光敏树脂为原料，通过控制紫外光束扫描液态光敏树脂，使其有序固化成型。

SLA 作为一种多学科、多技能高度交叉集成的技术，其整体性能的发展依赖于各部分单元技术的发展。目前从事光固化成型技术研究的公司中，美国 3D Systems 公司在国际市场上所占的份额最大，另有 Stratasys 公司、德国 EOS 公司、日本 CMET 公司、Denken Engineering 公司、Autostrade 公司以及国内的西安交通大学等。光固化快速成型技术以其卓越的成型性能，成型工件可作为功能件直接应用，并且具有较高的强度和硬度，对于特别复杂件、特别精细件也可进行成型，因此被广泛应用于各个领域。

一、光固化的设备

光固化快速成型原型机的系统结构如图 2－12 所示，是一种基于液态光敏树脂的光固化原理。光固化开始后，在升降台表面首先附上一定厚度的液态树脂，振镜系统在计算机控制下，使聚焦后的紫外激光束按零件分层后的扫描路径，在液态树脂表面进行扫描，完成第一个固化层。升降台下移一定距离，并由刮刀刮平固化层表面的树脂，再进行后续层的扫描，新的固化层在前一层的表面固化，计算机根据零件各层的分层信息重复整个工作流程，直至工件加工完成。将工件取出，或进行进一步固化，或直接进行后续的表面处理，如喷砂、打磨等。

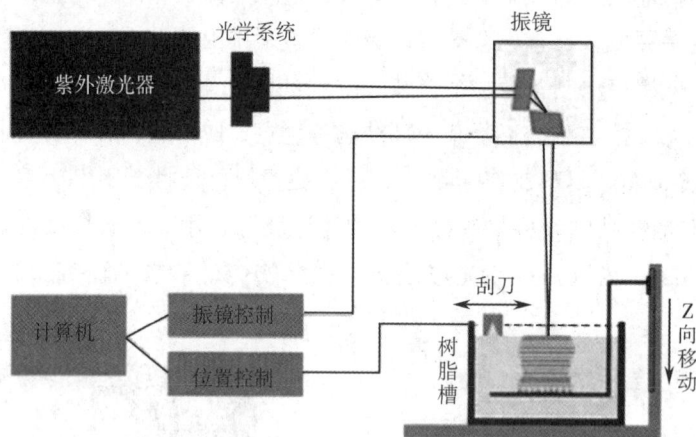

图 2－12　传统光固化快速成型技术原理

二、光固化的原理

随着现代 3D 打印技术的发展，光固化快速成型技术已由传统激光快速成型逐步向面曝光、喷射固化成型等方向发展。突破了传统单材、均质加工技术的限制，在材料性质和种类、制作层次、制件功能等方面有了巨大进步。

1. 传统光固化快速成型（SLA）　是通过激光逐行扫描使光敏树脂固化的传统光固化成型方式，其工作原理如图 2－13 所示。经过近几十年的发展，其性能和工艺特性都得到了稳步的提升。目前传统光固化成型系统所用光源大多采用半导体泵浦的三倍频 Nd：YVO$_4$。固体激光器替代 He－Cd 激光器，使激光器寿命更长，加之光学系统的改进，进一步满足了设备对成型速度和成型精度的要求。

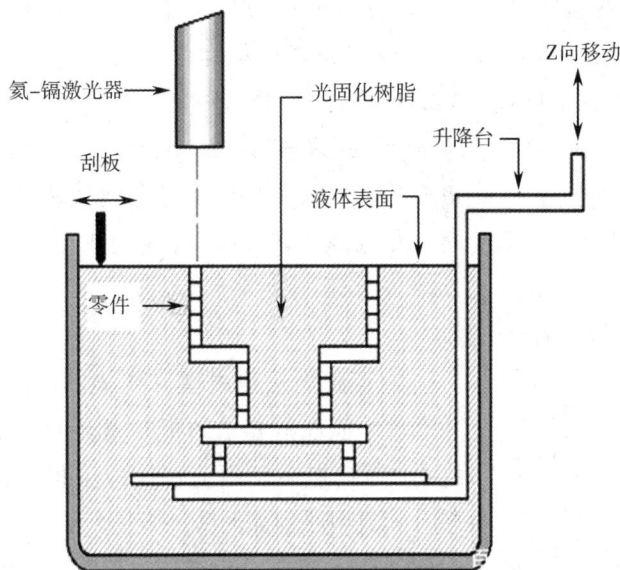

图 2 – 13　SLA 打印原理

在提高传统光固化快速成型精度方面，为避免树脂涂层厚度对精度的影响，Jacobs 等提出了"二次曝光法"，西安交通大学的学者还提出了"改进的二次曝光法"用以避免层间漂移问题。另外，进行一定的光斑补偿，针对不同的工件运用不同扫描方式也可有效地提高扫描精度。

然而，面对逐步提升的制件标准。目前的 3D 打印数据标准已不能满足高精度的制件要求。快速成型过程中，模型数据分层处理大都是基于 STL 格式文件的切片，其根据三角形逼近的方式产生曲面，无论精度多高都会不可避免地产生误差。以直径 100mm 的球体为例，利用 Pro/E 导出的弦高分别为 0.1 和 1.0 时的 STL 格式文件（图 2 – 14）。由 Pro/E 直接存储为 STL 文件后图形精度不能得到保证。

图 2 – 14　弦高 0.1（a）和弦高 1.0（b）时的球体 STL 格式

为避免原始模型在转化为 STL 格式后精度降低的问题，美国 3D Systems 公司于 1992 年推出了 SLC 数据格式，它是对三维 CAD 数据模型进行二维半的轮廓表述，即在 Z 轴方向上由一系列横截面组成，三维模型的每层截面信息由内、外边界等多线表述。由切层导致的"台阶效应"在一定程度上导致了工件误差的产生，如图 2 – 15 所示。

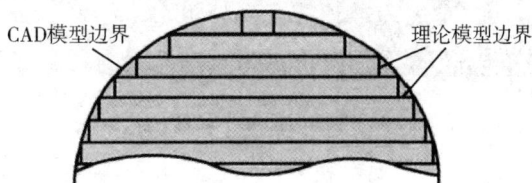

图 2 – 15　传统光固化快速成型中的台阶效应

新的数据标准的出现，弥补了 CAD 数据和现代的 3D 打印技术之间的差距。2013 年，一款基于可扩展标记语言的增材制造格式标准（additive manufacturing file format，AMF）被美国材料与试验协会（American society for testing and materials，ASTM）和国际标准化组织采纳为新的 3D 打印行业标准。对比仅能描述实体轮廓信息的 STL 格式，AMF 标准可根据模型各个顶点法线或切线方向确定曲率的曲面三角形，在切片后还可对曲面三角形进行细分。加之通过空间坐标实现材料成分线性变化的梯度材料，以及颜色元素、微结构、排列方位等高级概念的引入，AMF 格式精度大幅提升，数据冗余降低，工艺信息更加全面，文件体积减小，数据读取速度也得到有效提升。紧随其后，微软、Dassault Systemes 等行业巨头于 2015 年联合发布 3D 打印文件格式 3MF 格式文件，适合于 CAD 软件、3D 打印的硬件及软件，该格式文件可用于 3D 打印的整个过程。

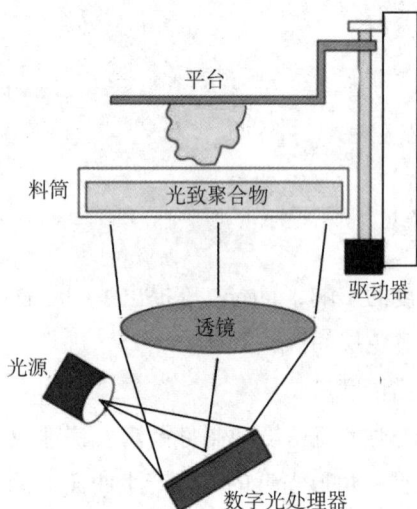

图 2 – 16　DLP – 3D 打印原理示意图

2. 面曝光快速成型（DLP）　　随着快速成型设备对精度、速度等方面性能要求的提升以及微光学元件技术的进步。基于掩膜成型工艺的面曝光快速成型技术在近些年得到了快速的发展。其成型原理如图 2 – 16 所示：零件的 CAD 模型经计算机切片处理后，生成可反映零件截面图形的切层数据，由该文件驱动动态视图生成器，特定波长的面光源照射动态视图生成器，经光路系统后，在光敏树脂表面形成指定的零件截面视图，可一次性实现整个零件层的固化。当该层零件截面生成后，工作台下移一个层厚，进行下一零件层的固化，此过程往复进行，直至完成整个零件制作。对比激光扫描式光固化成型技术，面曝光快速成型速度快、精度高、设备成本低、工艺简单。因此，面曝光快速成型技术在用于微小零件制作的快速成型领域得到了迅速的发展。在成型精度方面，面曝光成型核心技术之一的数字光处理技术对面曝光成型精度起到了决定性作用，理论上可实现 $40 \sim 50 \mu m$ 的精度。

在打印速度方面，面曝光快速成型方式于 2015 年初取得了突破性进展，美国一家公司发明了全新的 3D 打印技术，可实现比目前普通 3D 打印设备快 $25 \sim 100$ 倍的速度。该技术被称作连续液面制造（continuous liquid interface production，CLIP）技术，如图 2 – 17 所示，利用氧可以阻止光敏树脂固化的特性，通过使池底树脂溶解氧，池底树脂只能保持液态，产生固化盲区，通过小心控制光与氧作用的平衡，CLIP 技术可以使制件在树脂中连续地"生长"出来。

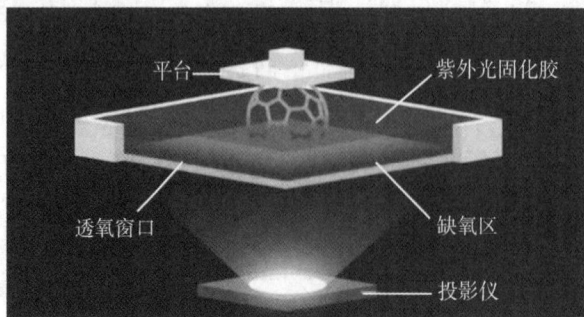

图 2 – 17　连续液面制造打印技术原理

三、光固化的打印材料

光固化3D打印材料包括光固化支撑材料和实体材料，根据其固化方式的不同，可以将支撑材料分为蜡质、相变和光固化两种。光固化材料一般称为感光性树脂。

1. 支撑材料　光固化3D打印多用于制作复杂的结构零件，但通常会产生空洞和悬空的零件，而在快速打印过程中，这些空洞和悬空的零件不会完全固化，从而变形，影响产品的形状，也不会影响后续生产，因此，这些空洞和悬空的零件是被支持材料填埋的。喷印完成后，支撑材料必须从产品中取出，不能破坏实体模型，也不能影响实体材料表面的精确度和光洁度。

2. 实体材料　低聚物也称为低分子聚合体，是一种含有不饱和功能基团的低分子聚合体，是光固化材料中最基本的材料，它决定了光敏性树脂的基本理化性质，如黏度、硬度和断裂伸长率。因此，在一个感光性树脂的配方中，低聚物的选择很重要。另一方面，低聚物种类很多，其中主要使用聚氨酯丙烯酸酯树脂、环氧丙烯酸树脂、聚丙烯酸树脂、聚醚丙烯酸酯树脂、丙烯酸酸性丙烯酸树脂、碱性可溶性光学成像树脂、氨基丙烯酸树脂等。

四、光固化的操作流程

光固化的操作流程主要包含如下步骤，如图2-18所示。

1. 三维建模　利用三维制作软件通过虚拟三维空间构建出具有三维数据的模型。或者采用光学扫描方式对实物进行扫描从而获得三维数据。将所得数据保存为STL格式，用于后续处理。

2. 模型检查　结合软件对模型进行修复。例如采用magics软件对模型进行检查。具体流程如下：零件修复信息→更新→修复→零件另存为STL。查看里面的反转法向、坏边数据和噪声壳体数据，点击后面的修复，除了壳体和高级之外的都显示为0，就说明模型是正常的。

3. 模型切片　模型切片过程应注意的事项包括选择光滑无孔的底面，不要选择最大接触面靠近底板。底部提升5mm，选择所有支撑。支撑参数设置参数如图2-19所示，包括支撑数量、方式、密度、是否需要底座等。然后检查一些支撑是否牢固。越靠近底板，越需要加支撑，否则容易脱落。

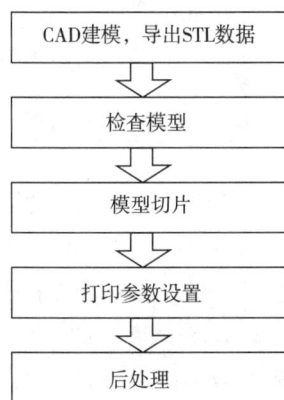

图 2-18　光固化操作一般流程

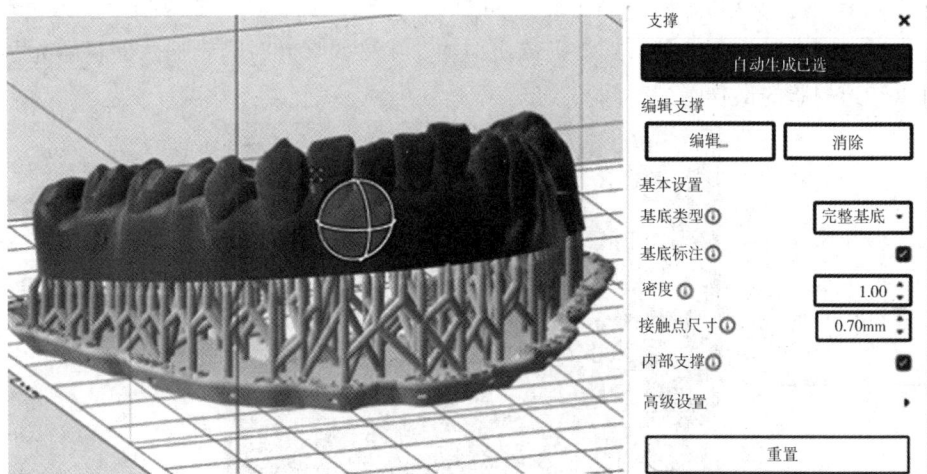

图 2-19　支撑设置界面

（1）打印参数设置　根据树脂类型和模型精度进一步设置打印参数，其中曝光时间需要精确设计，具体设置界面如图 2 - 20 所示。设置完成后，打印机打印直至打印结束。

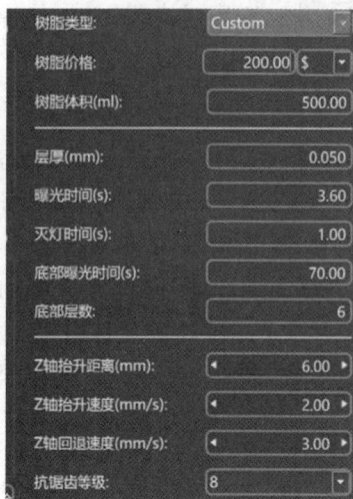

图 2 - 20　打印参数设置界面

（2）后处理　①使用铲刀铲下升降台上成型的模型；②用酒精清洗模型表面残留的料渣；③晾干模型，放置在通风、阳光充足的地方静置一段时间，让树脂进一步固化成型。有紫外线光照机最好；④清洗打印平台，倒回余料等。

五、光固化的关键工艺

1. 层厚　即每层固化面的厚度，层厚越小，Z 轴精度越高，当然打印时间也是呈倍数增长。层厚的可设置范围为 0.025 ~ 0.2mm，推荐为 0.025 ~ 0.1mm。Z 轴丝杆最小移动距离为 0.025mm，因此低于这个值也只会以 0.025mm 的层厚打印。过大的层厚也不合理，因为厚度大可能使固化光源无法穿透，导致打印失败。

2. 曝光时间　即每一层被紫外光照射固化的时间，曝光时间短，则会导致模型固化不完全，出现模型断裂、模型分成片状、模型出现明显层纹、表面发软；而曝光时间过长，则会导致模型膨胀较大，增加了打印时间。

曝光时间和树脂关系很大，不同的树脂最佳曝光时间也不同。想要知道自己使用的树脂的最佳曝光时间，需要找设备厂商要一个曝光测试模型文件。如图 2 - 21 中的模型，每块之间的曝光时间是不同的，编号 1 的块区曝光时间是 0.8 秒 + 手动改动的时间，即默认 0.8 秒，如果机器上改动曝光时间为 2 秒，则变成 2.8 秒的曝光时间。编号增加，则依次增加 0.4 秒的曝光时间。通过对比各个块区的实际打印效果，便可以知道树脂的最佳曝光时间。

图 2 - 21　曝光测试模型

3. 底层曝光时间 底层即刚开始打印的层，而不是指模型视角上的"底层"。之所以额外有底层这些参数设定，是由于需要让底层尽可能好地粘在平台上，避免模型脱落甚至直接打印在离型膜上粘不起来。

底层曝光时间一般为普通层曝光时间的 15～20 倍。曝光时间建议可多不可少，过度曝光只会引起底层变脆、过度膨胀以及难以取模，而曝光不足，就直接无法成型。而要判断底层曝光时间是否过量时，最直观的方法便是观察支撑底层（无底阀）或者底阀。

4. 底层数、过渡层数 为了保证粘平台上，单层太薄，强度不够，都会出现底层拉变形或者脱落的情况。因此需要增加底层数量，保证足够厚的初始层得到充足固化。底层数推荐 5～10 层，视模型打印中产生的拉拔力来决定，力越大，层越要厚。过渡层数即这些设定层的曝光时间由底层曝光时间过渡到普通层曝光时间。

5. 灯灭延迟、底层灯灭延迟 灯灭延迟的设置时间即模型下降回到离型膜上方停住，到固化光亮起的间隔时间。当模型与离型膜脱离时，会产生空位，假如模型回位时间较短，则可能导致树脂未能及时回流平缓，导致打印失败或者打印层缺失。增加灯灭延时设置，能够让流动性差的材料有足够的时间回流。灯灭延迟、底层灯灭延迟两者区别不大，设置相同时间即可。当然，设置较大的延迟时间意味着会增加不少的打印时间。

6. 抬升距离、底层抬升距离 抬升距离即拔拉模型时平台上升的距离。离型膜有很好的弹性，因此可能会出现模型拉起时，离型膜也同样被拉起，若抬升距离小，离型膜则可能不会和模型脱离，导致打印失败。因此可根据离型膜的松紧程度和使用时间来设置，越松用得越久，距离要略微增大。

7. 抬升速度、底层抬升速度 抬升速度即字面意思。当平台抬升过快时，模型层与层、模型和离型膜之间会产生瞬间的较大的拉拔力，可能会导致模型产生裂纹、断裂、打印层贴离型膜上，甚至扯破离型膜。当打印面积较大的模型时，建议减缓抬升速度。

六、光固化的医学应用实例

1. 运用光固化 3D 打印机制造医疗模型和手术导板 医生可以运用患者的 CT 数据来进行三维建模，通过三维建模将数据导入光固化 3D 打印机，然后用光固化 3D 打印机将患者的数据模型打印出来。这样可以更好地帮助医生更为直观地观测患者需要手术部位的三维结构，从而帮助医生在手术治疗时定制最合适的手术方案，从而提升手术成功率、降低手术风险。

2. 运用光固化 3D 打印机制造人体植入物 如患者有骨肿瘤、骨骼缺损、颌面损伤、颅骨修补等骨科问题，用一般的修复产品是难以满足患者治疗需求的。因为每个患者的实际情况不一，需要特定制作的植入物才能帮助患者修复成功。同样的还有口腔齿科，也是因为人体口腔牙齿的排列情况、受损情况、实际医疗情况不一，从而需要高度定制。因此，不管是骨科还是齿科，都需要运用 3D 打印技术来为患者进行量身定制，让植入物医疗更加精准，且能有效减轻医资力量紧缺的问题。

3. 运用光固化 3D 打机印制造康复器械 3D 打印在包括矫正鞋垫、仿生手、助听器等在内的康复器械领域产生的真正价值不单是完成精准的定制化，更关键的反映在让精准、高效的数字化制造技术替代手工制作方式，减少生产周期以及材料、人工成本。以助听器举例，采用传统工艺制作，技师必须根据患者的耳道模型做出注塑模具，随后对模具进行钻音孔等后处理。而运用 3D 打印机制作助听器只需将扫描的 CAD 文件转成光固化 3D 打印机可读取的设计文件，进一步打印出来就可以了。现阶段市面上的大型工业级 3D 打印机除工业运用外，也可运用于医疗模型打印。

4. 光固化技术在齿科的应用 光固化3D打印技术目前应用最多的领域就是齿科领域，包括齿科模型的打印及隐形牙套的制备。结合口腔三维扫描设备，可快速获得三维牙齿数据并在专业软件中进行设计，可避免传统义齿企业复杂的工艺。

第四节 熔融沉积

熔融沉积制造（fused deposition modeling，FDM）工艺由美国学者Scott Crump 于1988 年研制成功。FDM 的材料一般是热塑性材料，如蜡、ABS、尼龙等。以丝状供料。材料在喷头内被加热熔化，喷头沿零件截面轮廓和填充轨迹运动，同时将熔化的材料挤出，材料迅速凝固，并与周围的材料凝结。

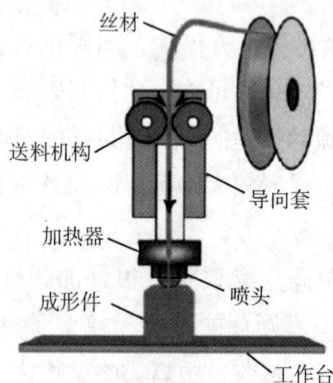

图 2-22 FDM 工作原理

FDM 成形系统结构简单，易于操作，是面向个人级3D 打印机的首选。通过该技术设计人员可以在很短的时间内设计并制作出产品原型，并通过实体对产品进行改进。该技术的应用领域包括概念建模及功能性原型制作等，涉及电子、医学、建筑工程等领域。

一、熔融沉积的原理

FDM 技术原理如图2-22 所示，丝状的热塑性材料通过喷头加热熔化，喷头底部的微细喷嘴（直径一般为0.2~0.6mm）在计算机的控制下依据模型数据移动到指定位置将熔丝挤出，被挤出的熔融物沉积在前一层已固化的表面，通过逐层堆积最终形成三维实体。

二、熔融沉积的耗材

（一）FDM 材料的性能要求

根据FDM 工艺原理及特点，所用高分子材料应满足以下性能要求。

1. 材料的制丝要求 高分子材料在使用前，要经螺杆挤出机加工成直径约2mm 的单丝，因此材料必须能够挤出成型。单丝要求表面光泽、直径均匀、内部无中空，在常温下应具有良好的柔韧性，不会被轻易折断。

2. 材料的收缩率 线材经熔融挤出后在工作台上快速固化，但若成型材料收缩率大，固化时的体积收缩就会在制品中产生更大的内应力，进而使制品翘曲变形，甚至导致制品开裂，以致成型失败。材料的收缩率是影响制品外形质量最重要的因素之一，FDM 工艺要求成型材料的收缩率越小越好。

3. 材料的机械性能 丝状进料方式要求料丝具有较好的力学性能，这样在摩擦轮的牵引和驱动力作用下才不会发生断丝和弯曲现象。由于料丝在加热装置内还起到活塞推进作用，为提高其抗失稳性能，料丝必须具有足够的弹性模量。

4. 材料的流动性 为将熔融态的丝材从喷嘴中顺利挤出，要求所用材料在熔融态时具有较好的流动性。流动性差的材料产生的阻力大，难以挤出；流动性太好的材料挤出后难以控制，易发生流涎，并造成每次循环的起始与停止时挤出物料不均匀。

（二）常用FDM 高分子材料

1. 丙烯腈-丁二烯-苯乙烯（ABS） 是目前使用最多、应用最早的高分子打印线材。它综合了丁二烯、苯乙烯和丙烯腈各自的优良性能，具有良好的力学性能，易加工，广泛应用于汽车、纺织、电子电器和建筑等领域。但 ABS 也存在一些缺点：较大的收缩率，制品易收缩变形，易发生层间剥离及翘曲等现象；耐热变形性较差；打印过程中有异味产生。为改善 ABS 打印的成型质量，国内外学者在 ABS 改性方面做了很多工作。比如：仲伟虹等利用短切玻璃纤维对 ABS 进行改性，研究了短切玻璃纤维含量对 ABS 机械性能的影响。结果表明，加入短切玻璃纤维，ABS 材料的收缩率变小，解决了 ABS 制品易收缩变形的问题，同时材料强度、硬度大幅提升，但会使材料韧性变差。加入增韧剂和增容剂很好地解决了这一问题，提高了 ABS 复合材料的韧性，从而使短切玻璃纤维改性的 ABS 材料适合于 FDM 工艺。

2. 聚乳酸（PLA）　是以玉米或甘蔗为原料，经过发酵制成乳酸，最终转化为聚乳酸。聚乳酸具有良好的光泽性、延展性、降解性、生物相容性，打印的制品硬度好、色彩鲜艳、透明富有光泽、外观细腻，打印过程中不产生难闻气味，是 3D 打印最好的原材料。聚乳酸的缺点也同样明显，其韧性和抗冲击强度较差，打印制品脆性大，强度较低，尺寸稳定性差，不能抵抗温度变化，当温度超过 50℃ 就会变形，限制了其使用范围，为此，国内外学者做了很多工作来改善聚乳酸的性能。

3. 聚碳酸酯（PC）　是一种分子链中含有碳酸酯基的热塑性树脂。它性能优良，是目前使用最多的热塑性工程塑料之一。PC 几乎具备了工程塑料的所有优良特性，抗冲击性能好、无味、耐高温、抗弯曲、强度高，此外，还具有良好的阻燃特性，可用于 FDM 工艺制备高强度产品。但 PC 也存在些缺点：颜色单一，着色性能不理想；PC 中含有致癌物质双酚 A，在高温下会析出，影响人体健康；价格相对较高；打印温度过高（超过 300℃），不适于大多数的桌面 3D 打印机。

2014 年，广州某公司公布了一种高性能 PC 线材。此种线材用拜耳公司生产的食品级 PC 原料制作，可用于 FDM 工艺。该线材打印过程平台温度为 120～150℃，喷嘴温度为 255～280℃，流动性好，制品强度高，外观光泽细腻，尺寸精度高，不含双酚 A，有效解决了 PC 材料的致癌问题。

三、熔融沉积的操作流程

FDM‑3D 打印的操作流程主要分为以下四步。

1. 利用软件建模　首先选择好自己想要打印模型，然后使用市场上建模软件，比较常用的有 3DS max、cura 等。

2. 使用建模软件进行切片　使用软件进行切片：打开软件主界面，然后选择"添加模型"，点击之后，创建模型。在主菜单中一般会有"分层切片"这个选项，这个功能主要是分解打印机打印的过程，用户可以在软件中事先预览观察整个打印过程。点击后，可以看到模型发生了一些变化。拖动分层预览滚动条，软件可以根据参数值，展现每一层的图像。通过预览，可以直观地观察到模型是怎样一层一层生成的。然后可以考虑给模型添加支撑（根据模型而定），有些模型如麋鹿的角，尝试给一个角支撑起来。打印需要支撑的地方，这个系统会自动判断。

3. 连接 FDM‑3D 打印机　用切片软件后，选择好机型，在对应设备上进行编译，然后生成 gcode 文件插入 U 盘当中。最后，选择插入 3D 打印机卡槽当中，然后在 3D 打印机上选择相对应的 gcode 文件，进行联机打印文件。

4. 操作 FDM‑3D 打印机进行打印　在使用 FDM‑3D 打印机前要详细检查模型的信息，保证各项参数都是正常的，点击单选模型是正确的，保证模型不逾越机型正常打印。而且要调平 3D 打印机平台，保持水平，加热平台温度不能低于 3D 打印材料的熔点，打印的时候切忌尼龙耗材要关风扇。最后还要设定打印头及打印板的温度。

四、熔融沉积的关键工艺

1. 挤出机和床层温度   在 FDM – 3D 打印机中，挤出机的温度是一个基本而重要的参数。如果挤出机的温度过低，喷嘴可能会由于灯丝的高黏度而阻塞。然而，如果挤出机的温度过高，由于黏度低，可能会发生不受控制的扩散。因此，需要一个合适的温度来充分熔化丝材，以很好地挤出。此外，还应考虑到通过喷嘴所需的时间短至 $3mm^3/s$，挤出机的温度应设置为比聚合物熔点高 $40 \sim 50℃$，以使长丝顺利推出。例如，PLA 是 FDM – 3D 打印中最常用的聚合物之一，其熔点为 $165 \sim 180℃$。因此，建议将 PLA 的挤出机温度设置为 $200 \sim 210℃$。

除了挤出机的温度外，床层的温度也要设定得当。FDM – 3D 打印机打印一个完整的模型最重要的一步是高质量打印第一层，这是使丝材粘在床上的过程。找到床层温度，使床层和打印的材料强烈黏附是至关重要的。但是，如果黏着力太强，成品 3D 打印模型从床上掉下来时可能会部分损坏。因此，为每一种聚合物设定一个温度是很重要的，在这个温度下，聚合物很容易从床层中去除，同时也能达到足够的黏附力。

Spoerk 等人通过改变床层温度来找到使用 PLA 和 ABS 时的最佳温度。实验表明，当床层温度设定略高于打印材料的玻璃化转变温度时，印制剂与床层之间的附着力显著增加。此外，考虑到高黏结力造成的损伤，发现 PLA 的玻璃床层温度为 $80 \sim 120℃$，在聚酰亚胺覆盖床层表面后，ABS 的玻璃床层温度为 $120℃$ 或更高。

2. 层厚和打印速度   使用 FDM – 3D 打印机中的细丝以一层一层的方式创建对象，其中一层的高度称为层厚度。涂层的厚度影响成品的质量。FDM 的最小层厚建议为 $100μm$。Anitha 进行了实验，以找到对表面粗糙度影响最大的参数。选取层厚、路宽和沉积速度作为参数。通过使用田口技术、信噪比（S/N）和方差分析，确定了层厚是影响最大的参数。厚度为 0.3556mm 的涂层比厚度为 0.1778mm 的涂层表面粗糙度更高。Wang 在其他参数固定的情况下进行了类似的实验，包括沉积方式、支撑方式、沉积方向和建筑位置。对比了层厚为 0.254mm 和 0.33mm 的两种配方的表面粗糙度，再次证实了层厚的增加提高了表面粗糙度。

3D 打印速度也会影响沉积层的厚度和外观。打印速度是喷嘴和床的运动速度。打印速度越快，输出模型所需的时间越短。然而，如果喷嘴和床层快速移动，可能会导致更大的振动和更弱的层间结合，从而使输出质量变差。Smith 等人的实验结果表明，打印速度越快，模型的硬度越高。他们还观察了通过 X 射线微计算机断层扫描（XRCT）打印的模型空间均匀性和形态。结果表明，当打印速度从 22mm/s 降低到 10mm/s 时，表面粗糙度进一步降低。Gioumouxouzis 等人也指出耗材要想正确黏附在床上，需要低于 10 mm/s 的低打印速度。这些参数的合适值对于不同的打印机略有不同。

3. X，Y，Z 水平   最后，需要 FDM – 3D 打印机的 X、Y、Z 轴调平。其中两个是横轴，另一个是纵轴。如果水平轴的调平不恰当，则输出可能会超出床身的打印范围。垂直轴线找平是指喷嘴与床身之间的距离。如果间隙过于缩小，喷嘴可能会完全堵塞或损坏，如果间隙很小，丝材不会黏在床上，在喷嘴末端会结块。

五、熔融沉积的医学应用实例

1. 骨骼模型   过去，医学专家们都是通过制作平面解剖图和扫描图来诊断患者的健康状况。如今，通过 3D 打印，医生们能够通过分析患者独特的 MRI 和 CT 扫描图来打印骨骼的三维模型。而在整形外科中，医生可以通过打印复杂的三维骨骼模型来进行术前实践，同时也可以利用该模型让患者对手术有更为清晰的认识。而在这些案例中，3D 打印集中体现了其高效率的优势，速度非常关键，一般的桌面级 3D 打印机都能够在几小时内完成模型的制作。而这些骨骼模型一般都是通过一种生物可降解材料——PLA 来进行打印的。不仅如此，模型还可以进一步缩小比例，让模型制作速度进一步加快，如图 2-23 所示。

图 2-23 FDM-3D 打印骨骼模型

2. 药片 Melocchi 等以溶胀和溶蚀性辅料 HPC 为原料，以 HME 法先制备 HPC 熔丝，再用 FDM 打印制备壁厚 700mm 的胶囊壳。囊壳内装填的模型药物对乙酰氨基酚在体外呈现典型的脉冲式释放特征：时滞约 70 分钟后，可在 10 分钟内快速脉冲释放出约 90% 的药物。Goyanes 等利用 HME 技术分别制备了含两种模型药物（对乙酰氨基酚和咖啡因）的 PVA 熔丝，在双喷头 FDM 设备中，成功打印出了具有内外不同含药层的囊形片（DuoCaplets）。体外溶出结果表明，外含药层率先溶蚀释药，而内层药物则在一个明显的时滞期后才开始脉冲释放。该技术利用 FDM 技术独特的双头连续协同打印特点，弥补了普通压片或包衣工艺无法一步成型制备脉冲制剂的缺憾。

第五节 生物 3D 打印技术

3D 生物打印（3D bioprinting, 3DBP）源于 3D 打印，通过逐层打印由生物材料和（或）细胞以及生物因子组成的生物墨水（bioinks），以高分辨率制造载有细胞的结构。相比于 3D 打印，理想的 3D 生物打印可以更好地控制细胞和生物因子在支架中的分布，从而更利于组织再生，但目前也面临着许多挑战，比如可打印性、机械性能、血管化等。随着 3D 生物打印技术和材料学的不断发展，研究者们致力于通过改进生物打印的参数和发现更合适的材料以解决现存的挑战。

一、常见 3D 生物打印技术种类

目前可以有效地在骨支架内沉积和分布细胞的 3D 生物打印技术有基于喷墨的生物打印、基于光的生物打印、基于挤出的生物打印。

1. 基于喷墨的生物打印（inkjet-based bioprinting, IBP） 通过热、压电或声产生的力将液滴喷射到控制台上，由于其高速、高通量、高精度且低成本的特点而被应用广泛，如图 2-24 所示。但它的缺点是生物墨水必须呈液态且呈低黏度，否则易堵塞喷嘴。这限制了生物墨水的细胞密度，而且液滴喷出后固化的延迟限制了垂直方向上（Z 轴）的分辨率。

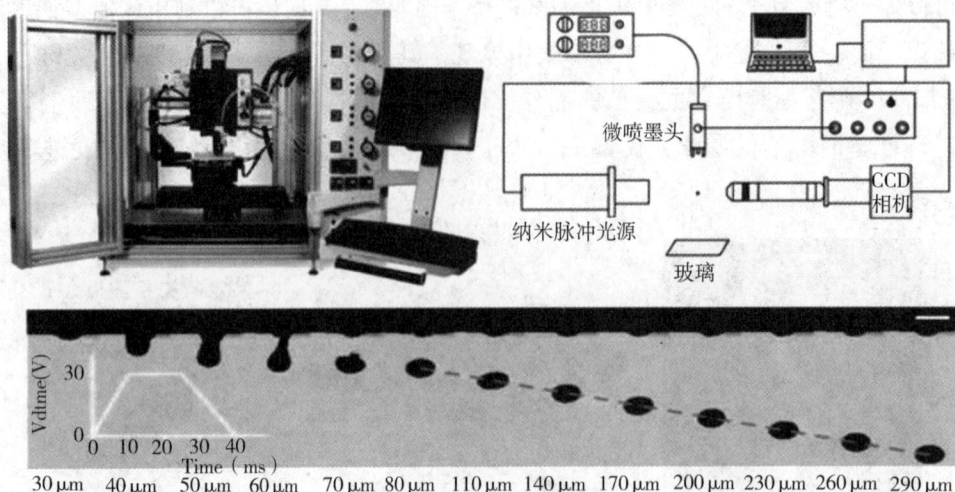

图 2-24 基于喷墨的生物 3D 打印

2. 基于光的生物打印（light-based bioprinting，LBP） 是所有打印技术中速度最快、最精确的技术，且不受材料黏度的限制，包括激光辅助打印（laser-assisted printing，LAP）和立体光刻（stereo-lithography，SLA）（图 2-25）。前者是一种基于激光诱导前向转移（laser-induced forwardtransfer，LIFT）的无喷嘴技术，它有利于打印二维结构（例如皮肤），但最近的一些研究发现可以用这种方法制造复杂的 3D 结构。后者利用光（紫外线或可见光）逐层选择性地固化液态的光固化材料，拥有非常好的形状保真度。激光打印的优点是高分辨率，可以打印复杂结构和高黏度（高细胞密度）材料，但光对组织的损害以及高成本是它的缺点。

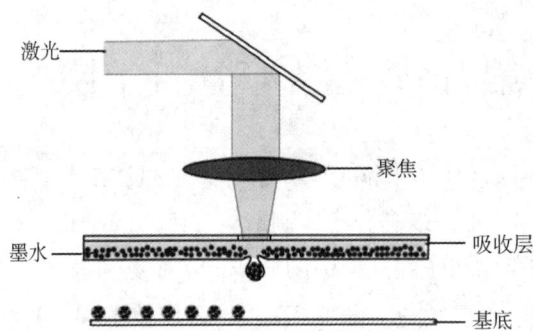

图 2-25 基于光的生物 3D 打印

3. 基于挤出的生物打印（extrusion-based bioprinting） 是最常用于骨组织工程的 3D 生物打印技术，通过气动或机械驱动将连续的生物墨水流以设定的速度和量从喷嘴中挤到工作台上。它可以打印的生物材料范围十分广泛，包括水凝胶、共聚物和球形细胞团。但它主要的缺点是剪切应力、细胞聚集和沉淀会导致细胞活力下降。生物墨水的流变性（黏度）、打印速度（流速）等因素都会影响细胞所受的剪切应力。通过改善打印参数（流速、打印喷嘴的形状和长度等）寻找适当的生物打印窗口，可以优化此打印技术。另一个问题是分辨率低，100μm 为最佳分辨率，但是特别适用于高黏度、高细胞密度的生物墨水。

二、生物墨水

生物墨水（bioinks）是 3D 生物打印的重要环节，也是近年来的研究热点。生物墨水被装载在打印机料筒中（EBP 和 IBP），经由打印喷嘴将其放置在设计的位置后固化，或在打印平台上，由光/激光固化（LBP）。它可以由一种或多种天然或合成生物材料制成，也可以由没有任何其他生物材料的细胞聚集体制成。下面仅讨论含细胞的生物墨水。

用于骨组织工程的生物墨水中封装的细胞，常用的有人骨髓间充质细胞（hMSCs）、人脂肪间充质干细胞（hASCs）、前成骨细胞、人脐静脉内皮细胞（HUVECs）等，与无细胞支架制造技术应用的接种细胞种类大体一致。

理想的载细胞生物墨水应符合以下要求：①具有良好的生物相容性，能够模仿天然组织的微环境，并可生物降解；②具有良好的流变特性，且在打印后有良好的形状保真度；③具有足够的机械强度，且与目标组织相匹配；④保持细胞活力，且能促进细胞分化；⑤可定位功能性生物因子（例如血管内皮生长因子 VEGF）以利于植入后封装细胞的活性和新生组织向内生长。

确定最佳的载细胞生物墨水配方是成功进行生物打印的关键步骤。到目前为止，各种具有特定特征的天然和合成生物材料基本上都已被用作生物墨水。常用的生物材料主要是水凝胶类，还可将其与多种材料结合组成复合材料。

1. 水凝胶　水凝胶有着很好的生物相容性、可降解性和保水性。多数还有利于细胞黏附、增殖、分化的细胞结合位点。水凝胶可以分为天然水凝胶和合成水凝胶。已用于骨组织工程的天然水凝胶包括海藻酸盐（alginate，Alg）、壳聚糖（chitosan，CS）、明胶（gelatin，Gel）、胶原、丝蛋白（silk fibroin，SF）和透明质酸（HAc）等，后者包括甲基丙烯酸化明胶（GelMA）、聚乙二醇二丙烯酸酯（PEGDMA）、Pluronic F - 127 等。水凝胶可通过热、离子、酶促和光交联。高温可能会对细胞造成不可逆的损伤，然而有研究已经证明，周围环境温度上升 4~10℃，2 微秒内不会对细胞产生致命损伤，热会在细胞膜上造成瞬时的孔，但会在打印后 2 小时内修复，且孔有利于基因和大颗粒的递送。蛋白质类的水凝胶多用酶促交联，这种方法的优点是较温和。$CaCl_2$ 是最常用的海藻酸盐离子交联剂。对于离子交联和酶促交联来说，如果在打印过程中交联，则需要共挤出生物墨水和交联剂，或依次沉积两种组分；若在打印后交联，则需要多种交联机制的混合物。

2. 水凝胶复合物　可以根据需求在水凝胶中添加相应的生长因子，例如骨诱导剂地塞米松、骨形态发生蛋白 BMP、骨形成肽 BFP - 1，血管生成诱导剂 VEGF 等。双肽负载的海藻酸盐基水凝胶系统，因海藻酸盐不含细胞黏附配体，故用整合素结合配体（RGD 肽）与海藻酸盐聚合物链偶联，增强细胞活力以促进细胞增殖。当细胞扩增后，载有 BFP - 1 的中孔二氧化硅纳米粒子释放 BFP - 1，诱导 hMSC 成骨分化。虽然生长因子如 BFP - 1、BMP - 2 可以刺激成骨，但半衰期短，很快被血液清除。

三、生物打印的操作流程

1. 设计　设计整体的打印模式和各个生物打印组件。其中需要注意两个关键步骤：打印设计与生物墨水选择。

打印设计通常通过计算机辅助设计（CAD）软件创建。创建 CAD 模型后，可以将其上传到打印机中以创建 G 代码。G 代码定义了生物墨水的打印路径，如果在整个打印过程中使用多个生物墨水，其可指定使用哪些生物墨水。

2. 打印　使用合适的生物打印机打印出设计的结构。

3. 加工处理：处理打印结构　生物打印的最后一步是加工处理生物打印出的结构。这些主要考虑其整个实验应用场景。包括整个实验过程的长度（这决定了所用生物墨水的稳定性和打印出的结构），以及里面需要承载什么细胞。用户可能需要根据应用场景规划打印结构的大小和打印参数。

四、生物 3D 打印的医学应用实例

1. 组织发育和修复生物打印模型　在 3D 打印的水凝胶中能够提供不同生长因子的生化梯度。在血管生成发芽实验中，细胞可降解水凝胶内的 3D 打印微通道，根据不同的生长因子浓度生长。

2. 生物物理形态的发生　在组织生长过程中，因为内部的压力和张力产生，会导致机械力的作用。3D 水凝胶模型可以重塑这种细胞外基质模型。将纤维细胞的胶原蛋白生物墨水挤到支架上，然后测量由于牵引力而发生的胶原蛋白长度变化。

3. 癌症疾病模型　在一项研究中，利用 GelMA 生物墨水的挤出式生物打印，开发出了将胶质母细胞和巨噬细胞分隔培养的微型大脑模型，能够更好地模拟肿瘤和其周围微环境的相互作用，此模型已证明与临床生成的转录组数据相关。

4. 管状疾病模型　肾小管和血管之间的相互联系与再吸收关系纷繁复杂。在一项研究中，通过纤维蛋白基质中打印两个平行的微通道，其中一个铺近端肾小管内皮细胞，另外一个铺血管内皮细胞以形成单层上皮和血管。通过闭环灌注系统控制通过两个通道的流量，可以研究从上皮通道到血管通道葡萄糖的再吸收。

目标检测

答案解析

一、选择题

1. 以下不属于 SLS 技术机械结构的是（　）
   A. 工作平台　　　　B. 铺粉机构　　　　C. 活塞缸　　　　D. 激光器
2. 以下不属于光固化关键工艺的是（　）
   A. 墨水浓度　　　　　　　　　　B. 层厚
   C. 曝光时间　　　　　　　　　　D. 抬升速度及距离
3. 以下不属于熔融沉积制造耗材的是（　）
   A. ABS　　　　　　B. 碳纤维　　　　　C. PETG　　　　D. PLA

二、思考题

1. 简述影响 SLS 最终打印产品精度的工艺参数。
2. 简述光固化 3D 打印的主要流程。
3. 理想的载细胞生物墨水有哪些要求？

书网融合……

本章小结

第三章 医用增材制造技术的原材料

学习目标

1. **掌握** 医用增材制造原材料与普通材料的区别。
2. **熟悉** 医用增材制造高分子材料的常见类型及特点。
3. **了解** 医用增材制造金属材料的常见类型及应用场景。
4. 学会根据应用场景特点匹配不同类型的医用 3D 打印材料。
5. 培养科学严谨的工作态度、实事求是和精益求精的工作作风以及良好的职业素养。

⇒ **案例分析** --

案例 一名 6 周大的男婴患支气管软化，气道被堵塞，病情严重。医生们随即利用 3D 打印机，用生物材料制作出一个夹板，在男婴的气道中开辟了一个通道。现在 18 个月大的婴儿已能够自主呼吸。

问题 1. 该夹板使用的材料是什么？

2. 为什么该材料可以通过 3D 打印用于人体？

目前用于生物医学领域的 3D 打印材料种类较少。有些具有优异性能的生物材料由于打印前后存在收缩率大、材料中所含添加剂对生物体有害，以及打印后强度下降等原因，无法满足生物材料的使用要求，而被排除在 3D 打印生物材料行列之外。因此，学习医用 3D 打印材料可以认识目前该材料存在的实际问题，从而开发出更多性能优异的 3D 打印生物材料，以增加临床应用上的选择，又可以在一定程度上降低 3D 打印费用。

第一节 常见医用 3D 打印材料的类型

目前，可用于医用的 3D 打印材料主要有医用 3D 打印金属材料、医用 3D 打印无机非金属材料、医用 3D 打印高分子材料和医用 3D 打印复合材料等。

1. 医用 3D 打印金属材料 目前用于生物医用 3D 打印的金属材料主要有钛合金、钴铬合金、不锈钢和铝合金等。相较通常医用的高分子材料，金属材料具有比塑料更好的力学强度、导电性以及延展性，使其在硬组织修复研究领域具有天然的优越性。

2. 医用 3D 打印无机非金属材料 无机非金属生物材料主要包括生物陶瓷、生物玻璃、氧化物及磷酸钙陶瓷和医用碳素材料等。目前可用于生物医用 3D 打印的无机非金属材料主要有生物陶瓷和生物玻璃。

3. 医用 3D 打印高分子材料 3D 打印高分子耗材需要经过特殊处理，还需要加入黏合剂或者光固化剂，且对材料的固化速度、固化收缩率等有很高的要求。目前常用于 3D 打印的高分子材料包括人工合成高分子材料以及天然高分子材料。

4. 生物复合材料 指两种以上不同物理结构或者化学性质的物质，以微观或宏观形式组合而成的具有生物相容性的材料；或者是连续相的基体与分散相的增强材料组合的具有生物相容性的多相材料。这类材料多用于人工器官、修复、理疗康复、诊断、检查、治疗疾病等医疗健康领域。

🖉 知识链接

医用3D打印材料与普通3D打印材料的区别

普通3D打印的材料包括塑料、光敏树脂、金属合金、复合材料、陶瓷等材料，其与医用3D打印材料的区别包括两个方面：良好的生物相容性和可具有生物活性。按其区别可将3D打印材料分为4个层次。

第一层次是没有生物相容性的3D打印材料，例如用于医疗模型和体外医疗器械的打印材料。

第二层次是有生物相容性的3D打印材料，例如需进入人体，但不需要降解的陶瓷或者金属植入材料。

第三层次指3D打印组织工程材料，打印材料可以降解，并能刺激它打开人自身修复的机制。

第四层次是以活性细胞、蛋白酶等为3D打印材料。利用增材制造原理，以加工活性材料（包括细胞、生长因子、生物材料等）为主要内容，以重建人体组织和器官为目标的生物打印。

第二节　典型医用3D打印高分子材料

一、医用3D打印合成高分子材料

1. PEG 聚乙二醇（polyethylene glycol，PEG）　是由环氧乙烷与水或乙二醇逐步加成聚合得到的一类水溶性聚醚。作为一种两亲性聚合物，既溶于水，又溶于绝大多数有机溶剂，且其生物相容性好、无毒、免疫原性低，可通过肾排出体外，不会积累在体内，在生物医药领域具有广泛的应用前景。

例如，采用商业的热喷墨打印机为生物3D打印设备，以 PEG 为原材料可开发出软骨组织。3D打印后的 PEG-DA 水凝胶中的细胞显示出软骨形成表型，且在培养过程中糖胺聚糖和 II 型胶原蛋白的产生逐渐增加。构建的工程化软骨显示出天然的带状组织、理想的胞外基质（ECM）组成和适当的机械性质。

PEG 也可被用作增塑剂对3D打印高分子材料进行改性。例如，在聚乳酸（polylactic acid，PLA）中加入 PEG 对其力学性能和降解性能进行改善。相关研究结果表明，PEG 的加入会引起聚合物链的重排、构建物表面形貌的改变及其润湿性和弹性模量的增加。此外，体外降解研究表明，PEG 的加入显著加速了 PLA 材料的降解速率。

另外一个典型的例子是 PEG 作为增塑剂对纳米纤维素膜的打印性能进行了改进。PEG 的添加增加了纳米纤维素膜在50%相对湿度下的力学强度，也形成了适于打印的光滑表面。同时，PEG 的加入提高了纳米纤维素膜的保水能力。使其在磷酸盐缓冲溶液（PBS）和水中分别表现出600%和超过1000%的溶胀率，表明这些膜可以很好地用作伤口处理敷料。当用含10%和25% PEG 的纳米纤维素膜孵育成纤维细胞时，未检测到细胞代谢活性的变化，表明复合膜对人皮肤细胞而言没有细胞毒性。

2. PLA 聚乳酸（polylactic acid，PLA）　作为一种线型热塑性脂肪族聚酯，主要是由淀粉原料经过糖化、发酵及一定的化学反应制备而成，其常见颗粒外形如图3-1所示。PLA 具有很好的生物相容性和生物可降解性，在特定条件下可完全降解，最终产物为二氧化碳和水。除此之外，PLA 还具有较好的热稳定性、抗溶剂性，以及优异的光泽度、透明性和一定的耐菌性、阻燃性。

因其独特的性能，PLA 被广泛用于骨组织工程的相关研究中。利用 3D 打印技术制备出 PLA 圆盘以及多孔笼。多种类型的细胞（成骨细胞、成纤维细胞和内皮细胞）在 PLA 打印的圆盘上均表现出良好的存活、扩散和增殖。装载有 SDF-1 胶原蛋白的 PLA 笼子则能够很好地支持内皮细胞的生长并诱导新血管形成。证明了 PLA 支架在骨组织工程中的应用潜力。利用 FDM 技术制备出具有不同孔径的 PLA 支架，并用于骨组织工程。发现 3D 打印过程会引起 PLA 分子量和降解温度的降低，但没有改变聚合物的半结晶结构。

3. PCL 聚己内酯（polycaprolactone，PCL） 又称聚 ε-己内酯，可通过 ε-己内酯单体在金属阴离子络合催化剂催化下开环聚合而成，是一种可生物降解的半晶型聚酯材料。PCL 无毒，不溶于水，易溶于多种极性有机溶剂，具有良好的生物相容性、有机高聚物相容性以及生物降解性，自然环境下 6~12 个月即可完全降解。此外，PCL 还具有良好的形状记忆温控性质，在加热条件下，表现出良好的黏弹性和流变性，可通过 FDM 技术进行 3D 打印加工，其外形如图 3-2 所示。因此，在临床医学研究中，PCL 常被用作支架材料，广泛应用于硬组织工程领域。

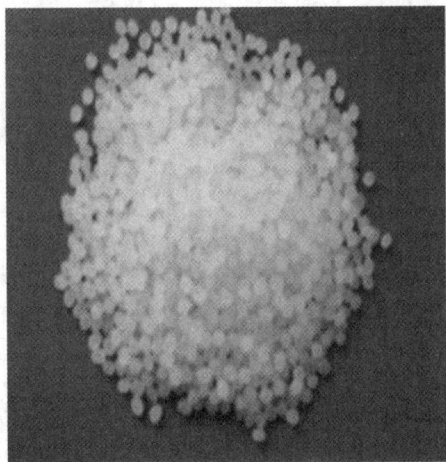

图 3-1　常见的 PLA 颗粒

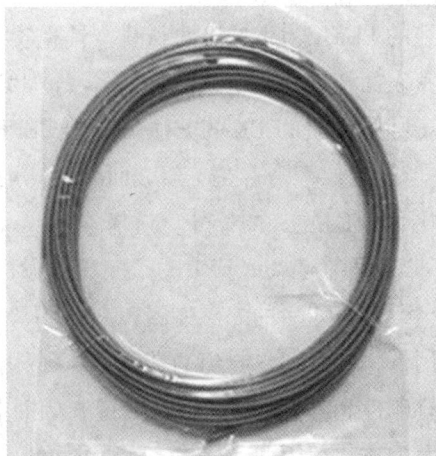

图 3-2　用于 FDM 打印的 PCL 线材

3D 打印 PCL 用作组织工程支架时，其机械性能及结构稳定性受 PCL 相对分子质量和支架孔隙几何构型的影响。相对分子质量对 3D 打印 PCL 支架的压缩模量和屈服强度有显著影响。此外，3D 打印的 PCL 支架的孔隙率和机械性能之间存在反向线性关系，但对提高骨再生效率有显著作用。例如，采用富含磷酸三钙（TCP）的 PCL 多孔 3D 打印支架用于脂肪间充质干细胞（ADSCs）的递送。结果表明，用于支架培养的 ADSCs 较二维（2D）培养的 ADSCs 具有更高的骨再生效率。TCP 的加入对培养在支架中 ADSCs 成骨分化没有显著的贡献，而 3D 打印构建的多孔微环境则在 ADSCs 的成骨分化中发挥着重要作用。

4. PEEK 聚醚醚酮（polyetheretherketone，PEEK） 是一种半结晶聚合物，在熔融条件下具有突出的熔体流动性能。同时，PPEK 具有十分优异的力学性能，与天然骨相似，是一种可用在骨科和牙科中应用的理想 3D 打印材料。同时，PEEK 也已被用于外科手术重建、制造解剖模型或患者特异性植入物。

研究发现，使用 FDM 打印技术可制造出定制化的 PEEK 肋骨假体，且该假体的机械行为与天然肋骨的机械行为接近。其中，以天然肋骨骨干的质心轨迹为指导，可以为肋骨体的形状和所需强度提供相当大的设计自由度。利用该方法制备的肋骨假体可成功植入患者体内，并取得良好的临床表现。例如，2020 年 9 月 15 日，在中国人民解放军空军医科大学唐都医院的技术指导下，宁夏第四人民医院成功实施宁夏首例聚醚醚酮（PEEK）3D 打印胸肋骨植入性胸壁重建成型术，为一名 33 岁"胸骨结核、胸壁脓肿"患者解除病痛，其植入后照片如图 3 - 3 所示。

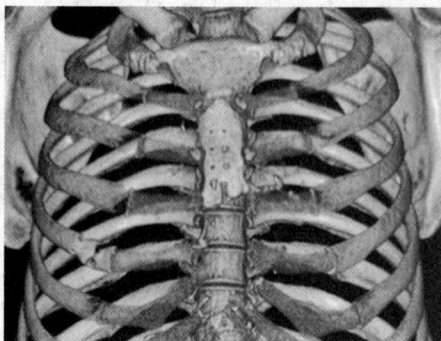

图 3 - 3　聚醚醚酮（PEEK）3D 打印胸肋骨

PEEK 作为一种半结晶聚合物，其制造过程中的热处理条件可以直接和间接地对其结晶度和机械性能产生影响。通过调控 3D 打印温度可以制备出具有不同结晶度和机械强度的 PEEK 样品。随着环境温度从 25℃升高到 200℃，PEEK 样品的结晶度从 17% 增加到 31%。喷嘴温度则会影响 PEEK 晶体熔化、结晶过程、所打印线条之间的界面以及聚合物材料的劣化。打印成型后 PEEK 样品的热处理则可能导致结晶度和结晶过程的差异。相对于回火或淬火处理，炉冷却或退火可以获得更高的结晶度和更好的机械性能。

单纯的 PEEK 为生物惰性材料，具有较差的骨传导性能，为了改善骨种植体间的界面效应，通常采用改变其表面特性或用生物活性材料浸渍 PEEK 的策略。将 PEEK 打印物内部结构修改为小梁网络并用间充质干细胞浸渍 PEEK 的方法来改善 PEEK 性能。种植在 3D 打印制造的 PEEK 支架孔隙的 BMSC 和 ADSC，形态类似于附着在支架表面和微孔的活成纤维细胞。两种细胞均表现出较高的活性，且 ADSCs 表现出比 BMSCs 更高的骨分化效率。

5. 普朗尼克（Pluronic）　是泊洛沙姆（Poloxamer）的一种，为聚氧乙烯聚氧丙烯醚嵌段共聚物的商品名，其打印后的外形如图 3 - 4 所示。Pluronic 是一类非离子型高分子表面活性剂，在生物打印中经常被用作牺牲材料，起到初期稳定打印构建物或后期形成孔道（形成血管网络）的作用。它具有良好的可打印性和温度响应凝胶化特性，因而非常适合用作生物 3D 打印墨水。Pluronic 可在 4℃ 或更低的温度下发生液化，因此，Pluronic 凝胶可以在必要时很容易地从打印构建物内被冲洗掉。虽然 Pluronic 已被广泛用作生物 3D 打印中的牺牲材料，但其自身的生物相容性不足以支持细胞的长期存活，这也限制了其作为常规生物打印材料直接用于细胞培养。

有一种构建纳米结构 Pluronic 水凝胶的策略，可以显著提高 Pluronic 的生物相容性。将丙烯酸酯和未经改性的 Pluronic F127 混合，既可以很好地保持 Pluronic 的可打印性，又可通过 UV 交联获得稳定的 3D 凝胶结构。随后经洗脱将未反应的 Pluronic 从交联网络中除去。培养后，所装载软骨细胞的存活率从纯丙烯酸化 Pluronic 水凝胶体系中的 62% 提高至纳米结构水凝胶中的 86%。洗脱除去纳米结构水凝胶体系中未反应的 Pluronic 会导致 3D 结构的孔隙率增加，机械强度降低，但是可以通过添加丙烯酸甲酯透明质酸（HAMA）来进行改善。这些

图 3 - 4　Pluronic 水凝胶

表明 Pluronic 可以潜在地与其他聚合物结合并用于不同组织构建体的生物打印。

二、医用 3D 打印天然高分子材料

1. 胶原（collagen） 是动物组织最主要的构造性蛋白质，同时也是细胞外基质（ECM）最重要的组成成分。由于胶原具有很低的免疫原性、良好的生物相容性以及可生物降解性，而被广泛应用于组织工程与再生医学等领域。

通过使用胶原负载角质形成细胞和成纤维细胞结合激光辅助生物 3D 打印技术，可构建出多层三维皮肤组织。打印成型后两种细胞之间存在胞间通讯，所得到的皮肤构建物也具有组织特异性功能。此外，还可利用胶原模拟真皮基质负载角质形成细胞和成纤维细胞，通过逐层打印的方式构建出仿表皮和真皮结构的多层皮肤组织。利用高密度胶原水凝胶通过商业 3D 打印机可打印出非均相半月板结构，其结构的精准性、力学稳定性和细胞活性可适当调节。

天然 ECM 组分复杂，透明质酸对于软骨细胞表现出更好的促进作用，而胶原则更有利于成骨细胞的培养。因此，选择适当的水凝胶材料，对于生物打印构建组织/器官至关重要。胶原被制成可满足打印机喷嘴要求的微纤维［长度为$(22 \pm 13)\mu m$］，然后利用胶原结合结构域（CBD）负载骨形态发生蛋白（BMP2），并混合到甲基丙烯酰胺化明胶内进行载细胞打印。结果表明，打印材料内加入的 CBD – BMP2 – 胶原微纤维在 14 天培养期内比成骨培养基更能有效地诱导所负载的 BMSC 向成骨细胞分化。

另外，胶原还被用作生物打印中的生物纸，如图 3 – 5 所示，即首先打印出类似于标准印刷工艺中纸的作用的胶原底物，通常为胶原水凝胶，然后将负载有细胞的生物墨水或单纯的细胞或细胞聚集体打印在胶原底物表面进行三维结构构建。

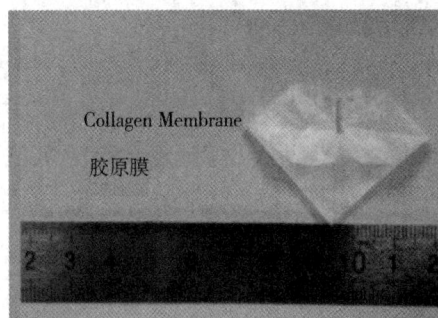

图 3 – 5 去端肽胶原蛋白制作的生物纸

2. 明胶（gelatin） 是胶原经部分水解而得到的一类蛋白质，与胶原具有同源性，具有良好的水溶性、可生物降解性、生物相容性和低抗原性。明胶溶液具有温度响应性，可在低温环境下凝胶化。因而，不同浓度的明胶及其与其他高分子材料的混合物已被用在生物 3D 打印中。同时，明胶的改性产物，如光反应性甲基丙烯酰化明胶（gelatin methacryloyl，GelMA）也常被用于生物 3D 打印。

激光辅助式生物打印技术（LaBP）目前正被广泛用于 3D 生物打印。在生物 3D 打印中，明胶可作为 LaBP 的能量吸收层（EAL）材料。明胶 EAL 被施加在石英支撑体和待打印的构建材料涂层（海藻酸盐）之间。由于明胶凝胶的吸收系数较高，特别是在达到最佳打印类型/质量时，所需的激光能量密度也会降低。结果表明，打印后细胞活力提高了 10%，DNA 双链断裂减少了 50%。同时，明胶 EAL 还有助于降低打印材料的液滴尺寸和平均射流速度。

目前，有一种基于挤出式生物打印机打印的载细胞 GelMA 生物墨水策略。其打印生产物受 GelMA、细胞浓度以及不同的 UV 照射时间的影响。使用 10% GelMA 可获得良好的打印构建物，且 UV 照射时间在 15 ~ 60 秒之间时对细胞无显著性影响。GelMA 可以在物理凝胶后保持形状并形成整体结构，通过随后的 UV 光照交联实现永久稳定。该方法可以使 GelMA 能够在相对低浓度（低至 3%）下直接打印成型为高度多孔和柔软的结构，同时能够维持细胞较高的增殖和迁移活性。

3. 海藻酸（alginate） 又称为海藻酸盐，是从褐藻中提炼出的一种阴离子天然多糖，与人体天然 ECM 中的糖胺聚糖类似。海藻酸具有低细胞毒性及良好的生物相容性，因而在生物医学中得到了广泛

的应用。同时，海藻酸可在温和的生理条件下快速胶凝化而不会产生有害的副产物，因而被广泛用作生物 3D 打印材料。

在多价阳离子与海藻酸形成的水凝胶中，以 Ca^{2+} 海藻酸水凝胶研究最多。有一种同轴喷嘴系统，通过护套挤出藻酸盐溶液，并在芯中输送 $CaCl_2$ 溶液，以此打印出管状结构。随后将软骨祖细胞包裹在藻酸盐中，并通过该同轴喷嘴系统打印出具有良好机械性能和生物学特性的载细胞中空管状构建体。此外，将人脐静脉平滑肌细胞（HUVSMCs）装载在海藻酸盐中，同样使用同轴喷嘴打印方法构建脉管系统导管。研究表明，在生物打印导管的两个表面上都观察到了 ECM 的形成。

4. 透明质酸（hyaluronic acid, HA）　是 ECM 中的一种非硫酸化糖胺聚糖，以其独特的分子结构和理化性质在机体内显示出多种重要的生理功能，如润滑关节、调节血管壁的通透性、调节蛋白质、水电解质扩散及运转、促进创伤愈合等。尤为重要的是，HA 具有特殊的保水作用，是目前发现的自然界中保湿性最好的物质，被称为理想的天然保湿因子。溶于水后，HA 溶液具有黏性，且其黏度会随浓度和相对分子量增加而增加。同时研究表明，当剪切速率增加时，HA 分子需要更长的弛豫时间才能重新定向，表现出黏度降低效应，从而使其非常适合用作需要高黏度和良好流变性的生物 3D 打印材料。

在一项研究中为构建骨软骨界面，用 PCL 作为支撑物打印出两个矩形部分：一部分是由海藻酸 HA 混合水凝胶装载软骨细胞/成骨细胞打印而成，一部分则是由 I 型胶原负载软骨细胞/成骨细胞打印而成。研究结果表明，I 型胶原水凝胶中的成骨细胞具有超过 90% 的活性，并且比海藻酸 - HA 水凝胶中的成骨细胞显示出更高的成骨标记物表达；而在海藻酸 - HA 水凝胶内培养的软骨细胞则比 I 型胶原水凝中的细胞显示出更高的软骨细胞标记物表达水平。这意味着不同的细胞需要不同的打印基质材料才能更好地发挥其作用。

5. 脱细胞细胞外基质材料（ECM）　是由细胞合成并分泌到胞外、分布在细胞表面以及细胞之间，主要是由一些蛋白、多糖和蛋白聚糖组成。在生物体内，这些分子自发形成复杂的网架结构，起到支持并连接组织结构、调节细胞行为和组织发生的重要作用。脱细胞外基质（decellularizedECM，dECM）材料是指通过使用化学试剂或采用物理、机械作用处理等方法，除去组织或器官的细胞成分，仅保留细胞外基质成分的一类材料。理想的 dECM 材料应完全去除组织内所有细胞、病毒等成分，而最大限度地保留天然细胞外基质的成分和三维结构。在生物 3D 打印研究中，为了更好地模拟体内真实微环境，dECM 也被用于组织特异性新型生物墨水的开发。开发基于 dECM 的生物墨水，以达到体外重构细胞天然微环境、维持细胞固有形态和功能的目的。通过物理、化学和酶处理联用的方法成功地获得了脱细胞心脏（猪源，hdECM）、软骨（猪源，cdECM）和脂肪（人源，adECM）细胞外基质。得到的 dECM 细胞去除率达 98% 以上。随后，制备的 dECM 被用作生物 3D 打印墨水。

研究人员利用 TritonX - 100 处理获得了骨骼肌、肝脏和心脏组织 dECM。然后将 dECM 与基于透明质酸/明胶的水凝胶溶液混合并用于生物 3D 打印。这种水凝胶打印墨水，可通过 PEG 二丙烯酸酯（PEG - DA）提供的丙烯酸酯基与硫醇化透明质酸或硫醇化明胶提供的硫醇基团反应，实现第一次交联反应。在第一交联步骤之后，利用 UV 光照射进行二次交联以形成稳定的水凝胶结构。同时，为了验证生物打印肝脏结构的功能性，研究者在水凝胶预聚物溶液中加入原代人肝细胞聚集体。结果表明，打印成型的肝组织结构具有较高的细胞活性，且细胞可以产生达到可检测水平的白蛋白和尿素。

🔗 知识链接

生物打印的 3D 打印方法

1. 喷墨式生物打印技术 是打印方式当中技术门槛最低的。常见的喷墨式打印机通过将墨水换成黏稠度相近的生物墨水，就可以实现最简单的二维生物打印。它的原理就是利用压电陶瓷或者微型的加热器，在喷嘴处产生一个瞬间升压，将生物墨水从喷嘴挤压出去，从而形成液滴。

2. 挤出式生物打印技术 常见的是用气泵给生物墨水的管路系统增压，使得管路内部压强比外界要大，从而使内部生物墨水从喷嘴流出。除使用气泵之外，也有使用活塞或螺旋杆等方式的，其能够打印黏度更高的生物墨水。

3. 激光辅助式生物打印技术（LaBP） 在 2004 年出现技术原型。现在的 LaBP 原理是将生物墨水涂覆在透明玻璃板的吸收层之上，形成玻璃板 – 吸收层 – 生物墨水层的三层结构，然后脉冲激光聚焦在吸收层上，使得照射位置的生物墨水层有一小部分溶液汽化膨胀，将该处的生物墨水挤离表面，形成射流，然后沉积在接收基板上。

第三节 典型医用 3D 打印金属材料

3D 打印技术初期多采用树脂材料，但树脂仅能作为模型使用，无法植入人体，医学领域人体植入物材料的研究重心即从树脂材料转移到金属材料、陶瓷材料、生物材料、复合材料等。目前金属打印机技术更为成熟，所以医用 3D 打印金属材料备受重视。

金属生物材料应具有以下基本特征：优异的生物相容性、高耐腐蚀性、合适的机械性能、高耐磨性、骨整合。具体的设计和选择取决于其特定的医学应用。此外，3D 打印对金属原料的要求较高，主要包括纯净度高、球形度好、粒径分布窄、氧含量低、粉末粒径细小、具备良好的可塑性、流动性好等特点。因此适用的金属粉末材料制备困难、品种单一、价格昂贵，在一定程度上限制了 3D 金属打印技术的应用和发展。如何制备出适用于 3D 打印的金属粉末材料成为一个亟待解决的问题。

1. 钛基金属材料 钛（Ti）是 3D 打印中使用最广泛的金属材料，具有高的机械强度、低弹性模量、低密度、高耐蚀性和良好的生物相容性等优点，应用于负重植入物，例如膝关节和全髋关节置换。尽管与其他金属生物材料相比钛的成本更高，但钛凭借独特的性能能够在长期使用中达到更高的成本效益。目前，在 90% 的传统骨科植入物中首选的生物金属是 Ti – 6Al – 4V（TC4）和商业纯钛（CP – Ti）。

植入物的临床成功与否不仅取决于出色的耐腐蚀性和良好的组织反应，还取决于其功能设计。传统致密的金属植入物由于其密度、刚度和弹性模量比骨组织差异大，容易引起应力屏蔽效应，导致植入物无菌性松动。由钛合金粉末制备的多孔金属植入物可以改变孔隙梯度孔径、不同的孔及孔之间的三维分布设计，改善金属植入物的弹性模量。此外研究表明，多孔钛合金植入物具有良好的骨向内生长能力，支持人体骨细胞的生长，增大植入物接触表面积，并在植入物和骨骼之间形成牢固的扭转锁，显著提高植入物的成功率。多孔结构的另一个显著特征是其高比表面积，可以通过表面改性改善 3D 打印多孔医用金属植入物的表面生物活性、耐磨性和抗凝性，进一步提高稳定性和长期有效性。目前，选择性激光融化和电子束熔化是 3D 打印钛合金最常用的技术。临床组织学实验表明，3D 打印植入物比常规植入物具有更快的骨整合率。上述对钛基材料的研究大多集中在微观结构和机械特性的改进上，因此在生物相容性方面仍具有很大的验证空间。近年来国内外还报道了一些成功植入 3D 打印钛植入物的手术，如图

3-6所示，这些报告表明个性化的医疗植入物可减少手术和住院时间，从而降低总体医疗成本，证实了3D打印钛基金属材料在临床应用中具有巨大的潜能。

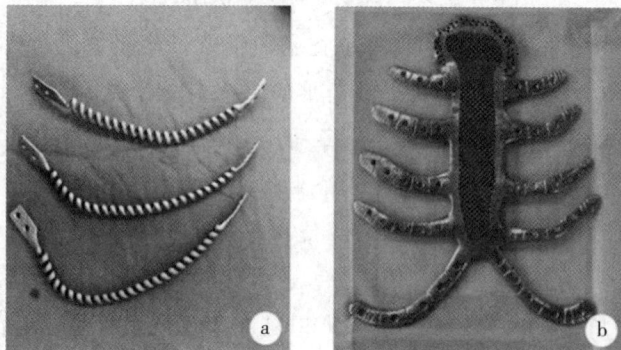

图3-6　3D打印钛合金肋骨
（a. 胸骨；b. 植入物）

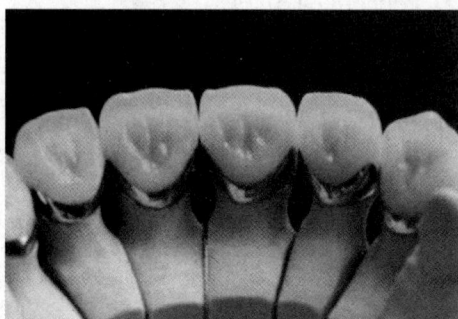

图3-7　3D打印钴铬合金烤瓷牙

2. 钴铬合金　是主要由钴（Co）和铬（Cr）组成的高温合金，它们具有出色的耐腐蚀性、机械性能和生物相容性，是理想的承重植入物。钴铬合金最早用于人造关节，现在已被广泛用于口腔科，由于它们不含镍和锑等有害元素，因此3D打印钴铬合金烤瓷牙已成为非贵金属烤瓷装置的首选，如图3-7所示。通过对钴铬合金牙微观结构、机械性能、腐蚀性和生物相容性的研究表明，3D打印的钴铬合金牙科植入物可以准确地模仿牙槽骨的自然结构，且在表面覆盖密集的贯通孔隙以促进成骨细胞的再生。

3. 镁基金属材料　相对于不可降解的钛和不锈钢等惰性生物金属，镁与人体骨骼具有最佳的生物力学相容性（因为其密度相近）。此外，镁可以被人体吸收并以镁离子的形式释放，增强成骨细胞的增殖和分化，从而促进骨骼的生长和愈合。除了诸如骨螺钉和骨板之类的医疗设备之外，镁合金还可以制成可降解的心血管支架。

研究人员通过选择性激光熔化技术成功地制造了具有互连孔隙度的WE43（Mg-RE合金）支架状结构。并在后续报道了由选择性激光熔化制造的排序且多孔联通的可生物降解WE43支架，其在4周后仅降解约20%的体积，并且仍保持了小梁骨支撑所需的机械性能。这些经选择性激光熔化处理的WE43支架有望满足理想骨替代品的所有功能要求。

经体内研究发现，镁基材料在体内环境中会发生局部点状腐蚀且生物降解率快，并在生物降解过程中释放氢气等，这些均不利于植入物在体内应用。为了优化其理化性能，调节镁基降解速率，有学者将镁基与可降解高分子材料结合应用。如使用低温3D打印技术来制备用于骨骼修复的含镁可降解聚合物，将具有成骨活性和血管生成活性的镁均匀地掺入乙交酯-丙交酯共聚物/磷酸三钙可降解多孔支架中，这种含镁的可降解聚合物骨修复材料具有良好的生物相容性和生物活性，机械强度明显提高，使之与松质骨匹配，显著改善了植入物的再生和血管生成。

4. 钽基金属材料　钽具有"亲生物"金属之称，其独特特性包括低弹性模量、耐腐蚀性、优异骨整合特性、生物相容性、组织向内生长特性及高表面摩擦力。临床研究已经验证多孔钽植入物在各种临床环境中的应用，并尝试使用新的制造技术来制造多孔或固态钽零件。研究人员通过激光融覆技术在钛上涂覆钽，与钛表面相比，钽涂层显著改善了骨整合性能。随后，他们还使用激光融覆技术成形制备了具有不同孔隙率的钽多孔结构，该制造方法通过将孔隙率调整在27%～55%之间，使其杨氏模量范围为1.5～20GPa，而且多孔钽结构促进细胞的黏附、增殖、分化，甚至早期生物固定。

但由于钽的熔点超过3000℃，使得市场上的大多数3D打印设备无法使用钽粉。为解决这一问题，有学者提出应用可以完全溶解钽粉的选择性激光熔化技术生产孔隙率几乎为零的高强度零件。研究人员使用选择性激光融化制备具有相互连接的多孔纯钽植入物，与多孔TC4相比具有更加优异的骨传导性能、更高的抗疲劳强度和高延展性，证实了通过选择性激光融化技术可生产具有可调机械性能和生物性能的多孔钽植入物。

5. 其他金属基材料 在生物医学领域中，钛、钴铬合金等金属是研究及应用较为成熟的金属基生物材料，316L不锈钢、铜（Cu）也因其优良的理化特性而受到广泛关注。

316L不锈钢是生物医学应用中常用的金属之一，虽然316L不锈钢中碳含量相对较低、耐腐蚀性良好，但通过观察，其在高应力耗氧环境下发生腐蚀的可能性明显增大，尽管如此，316L不锈钢仍因价格低廉及机械性能和生物相容性优越等优势成为前景可观的生物相容性材料。因此目前研究人员对316L不锈钢的研究主要集中在应用选择性激光融化的工艺参数来改善所造零件的几何和微观结构特性，如表面粗糙度、表面完整性、高密度和残余应力。

铜在选择性激光融化过程中预热温度较低，粉末流动性好，成形件的后处理较为容易，但对激光反射率较高，从而造成未熔、孔洞、裂纹等缺陷，降低了加工零件的质量和性能。目前铜打印的研究热点与难点在于如何提高铜对激光的吸收，以优化增材制作工艺。

◢ **知识链接**

常见医用3D打印金属材料的优缺点

较为廉价的医用不锈钢，由于自身的缺陷较大，目前处于科研和临床应用的冷门状态，应用会越来越少。

钛合金以Ti–6Al–4V作为重要的标志性材料，具有极佳的生物相容性，可以作为3D打印的重要金属材料选择，但实际应用中，仍有弹性模量过大及强度偏低的缺点。

钴基合金的生物相容性佳，但密度大，晶体颗粒大，尤其是比人骨弹性模量过大，目前主要应用于人工关节的大部件，如果选为3D打印的材料，性能不如钛合金。

在稀有金属方面，铌、锆、钽都有各自突出的优点，还兼具无毒性和生物相容性佳等特点，可以作为3D打印的金属材料。

可吸收金属材料目前主要关注点为镁合金，作为3D打印的金属材料，需将其在生物体内的降解过程及离子的浓度监测作为首要的研究重点。

第四节　典型医用3D打印陶瓷材料

生物陶瓷材料主要是指基于特定生物或者生理功能，可以直接用于人体或者与人体直接相关的生物、医用以及生物化学的陶瓷材料。生物陶瓷材料具有稳定的理化性质、良好的生物相容性，以及多种理化和生化功能，被广泛应用于生物医药、硬组织修复和骨组织工程支架材料等领域。

传统的陶瓷加工时间长、成本高，而对于复杂的陶瓷，尤其是用于人体硬组织修复的生物陶瓷，如修复的牙齿、骨等，其几何形状复杂和内部孔径之间的相互贯通等，导致其加工难度较大，这就对材料的加工提出了巨大的挑战。3D 打印技术的出现，为生物医用陶瓷材料的精加工提供了新的技术手段。

目前，生物陶瓷 3D 打印材料主要包括生物惰性陶瓷（以氧化锆等齿科材料为主）和生物活性陶瓷（用于骨组织工程）两大类。其中，生物活性陶瓷是指在植入时发生一个随时间变化的动力学表面修饰，表面形成一具有生物活性的羟基磷灰石（HCA）层，它提供与组织的结合界面。在生物活性植入物上形成的 HCA 相在化学性质和结构上等同于在骨的矿物相，提供界面结合。因此，生物活性陶瓷可以用于 3D 打印骨组织。

1. 羟基磷灰石（HA）   组成与天然磷灰石矿物相近，与自然骨的无机组成部分具有化学相似性，因此，是一种很有前途的骨替换材料。HA 有良好的生物相容性，植入体内不仅安全、无毒，还能传导骨生长。HA 能使骨细胞附着在其表面，随着新骨的生长，这个连接地带逐渐萎缩，并且 HA 通过晶体外层成为骨的一部分，新骨可以从 HA 植入体与原骨结合处沿着植入体表面或内部贯通性孔隙攀附生长。3D 打印生成矩阵可以用于骨组织工程，使用患者的细胞接种到支架，支架材料作为初始细胞附着的三维模板，而后形成组织。因此，3D 打印的支架是保证细胞生长重要结构。

研究人员以 3D 打印技术用 HA 颗粒制备了内部有复杂结构和高分辨率的多孔陶瓷支架，并研究了支架设计的组织学评价，将细胞接种到支架进行了静态和动态条件下的培养。结果显示动态培养下比静态培养支架上的细胞密度高。后续其他研究人员先用 3D 打印方法打印 HA，然后将得到的 HA 浸渍到双 - GMA 基树脂中，制造出 HA/双 - GMA 的复合材料。这种新型复合材料具有更大的强度和弹性模量，在体外试验中这种新材料表现为无毒，在复合材料的表面也能够观察到成骨细胞并且细胞状态正常。

2. 磷酸钙生物活性陶瓷（TCP）   在骨组织工程方面，钙磷酸盐（如 α - TCP，β - TCP）早已用作支架材料的主要成分，这方面的研究已经比较深入。随着 3D 打印的应用，磷酸钙被用作 3D 打印材料，来制备 3D 骨组织支架。正如所预计的，由于磷酸钙与骨矿物质有接近的化学和晶体相似性，因而具有良好的生物相容性。尽管它们没有显示出诱导能力，但磷酸钙一定具有骨传导性能，而且一定条件下能够直接结合到骨骼上。

研究人员采用 3D 打印技术开发了一种新型磷酸钙粉末黏结剂。这种材料可以打印多种装置，这些装置具有交叉的通道和精致的结构。两个后处理程序，烧结和聚合物的渗透过程的建立能大幅度提高印刷设备的机械性能。就有关应用性能的初步审查，包括体外细胞相容性的测试表明，该新粉末黏合剂系统是一种有效的方法，它是患者特殊的陶瓷人工骨替代物和骨组织工程的支架材料。

TCP 分为高温的 α - TCP 相和低温的 β - TCP 相。β - TCP 在体内通过降解释放出大量的 Ca 和 P 来诱导新骨的形成。β - TCP 生物相容性好，植入机体后可与骨直接融合，无任何局部炎性反应及全身毒副作用。除此之外，β - TCP 利用 3D 打印技术搭配其他药物制备骨组织工程支架，能够促进成骨细胞的增殖，增强骨传导性和骨组织的修复能力。相关研究人员在 3D 打印的 β - TCP 颌骨修复支架的研究中发现，β - TCP 三维打印支架具有规则的多孔结构，适合细胞的黏附，新骨形成量高，而且在复合后可异位成骨。

3. 双相磷酸钙（BCP）   当 TCP 的两相成分与 HA 结合时，会产生 BCP。相比其他磷酸钙陶瓷，BCP 具有更显著的生物活性、机械性能以及促进骨生长能力。同时 BCP 也具备骨传导作用和良好的组织相容性，适合作为一种骨移植替代材料。因其具有产量高、价格低的优势，在口腔颌面外科、牙周科以及骨科等学科领域得到了广泛应用。BCP 已被证实是一种能支持新骨形成的、安全的生物相容性支架，既可单独使用也可与生长因子结合使用。

研究人员利用凝胶法开发出能够快速凝固及降解可控的镁-硅酸钙水门汀（Mg-CS）支架材料，用于骨、牙齿等硬组织再生。研究发现，Mg-CS的降解速率取决于其中Mg的含量，缓释的Mg离子可促进牙周膜细胞的增殖能力，提高细胞碱性磷酸酶（ALP）、牙齿发生相关基因及血管生成相关蛋白的分泌，证实该材料具有促进牙齿发生和血管生成等功能。

4. 生物活性玻璃（bioglass，BG）　是由 L. Hench 在1971年研制出的一种 Na-Ca-Si 系玻璃，该种玻璃植入人体后，能与生物环境发生一系列特殊的表面反应，使材料与自然组织形成牢固的化学键，进而具有生物活性。其中具有代表性的生物活性玻璃是45S5生物活性玻璃和S53P4生物活性玻璃。另外，随着研究的发现，其他无极非晶态结构的生物活性玻璃，因与软组织能形成很好的结合，并可促进软组织的再生，也被当作优异的骨、齿类修复材料。通过3D打印技术制备的介孔生物活性玻璃，其形态更加灵活，尺寸更精准。在搭配抗菌因子使用后，不仅具有诱导成骨的能力，而且可以修复和替代感染或受损的骨组织。

第五节　用于增材制造的医用粉末标准

通常来说，金属粉末的性能主要分为化学性能、物理性能和工艺性能。其中化学性能主要是指粉末的化学组成，物理性能主要是指颗粒形状及结构、粒度分布、比表面积、颗粒密度等，而工艺性能主要包括松装密度、振实密度、流动性等。增材制造用金属粉末除需具备良好的可塑性外，还必须满足粉末纯度高、粒径细小、粒度分布窄、球形度高、流动性好和松装密度高等要求。需要一系列方法来检测是否符合标准。

一、增材制造用金属粉末粒形分析方法

在金属粉末制备过程中，粉末颗粒会随着制备方法的不同而呈现不同形状，如球形、近球形、多角形、多孔海绵状、树枝状等，增材制造用金属粉末一般以球形及近球形为佳。一般用球形度这一指标衡量粉末接近球形的程度，其定义为颗粒的面积等效直径与颗粒周长等效直径之比，当球形度为1时，为严格意义的球形颗粒。一般来说，球形或者近球形粉末具有良好的流动性，在打印过程中不易堵塞供粉系统，能铺成薄层，进而提高打印零件的尺寸精度、表面质量，以及零件的密度和组织均匀性，是首选的原料形状类型。粉末的颗粒形状直接影响粉末的流动性、松装密度，进而对所制备金属零件的性能产生影响。目前常用的粒形分析方法主要为光学显微镜法、扫描电镜法、动态颗粒图像分析法。

（一）光学显微镜法

光学显微镜通过凸透镜放大成像原理可以直观粉末的基本轮廓，包括形状、大小等信息，结合分析软件可以快速、批量性地分析粉末的球形度，是一种性价比相对比较高的检测方法，检测标准可参考GB/T 21649.1—2008《粒度分析　图像分析法　第1部分：静态图像分析法》。但光学显微镜法只能呈现光照条件下的垂直投影，不能准确反映颗粒的整体形貌和表面状态。图3-8为粒径15~53μm的TC4粉末在显微镜下的形貌图。

（二）扫描电镜法

与光学显微镜相比，扫描电镜具有更大的分辨率，其观察尺寸可达到纳米级别，能更清晰直观地观察粉末的表面形貌及表面状态，检测标准可参考 YS/T 1491—2021《镍基高温合金粉末球形率测定方法　扫描电镜法》。但是制样相对比较麻烦、设备购置和维护成本较昂贵，且视场中粉体颗粒数目有限，

不利于统计分析。图 3 - 9 为粒径 15 ~ 53μm 的 TC4 粉末在扫描电镜下的形貌图。

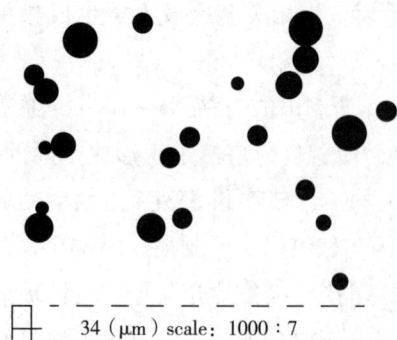

34（μm）scale: 1000 : 7

图 3 - 8　显微镜下 TC4 粉末的颗粒形貌图

图 3 - 9　扫描电镜下 TC4 粉末的颗粒形貌图

（三）动态颗粒图像分析法

采用动态颗粒图像分析时，颗粒连续不断地通过相机的拍照区域，颗粒流动时的取向是随机的，从而实现多角度对颗粒粒度及粒形的精确检测，系统应用具有强大算法的计算软件，可以在测试完成的几秒钟内给出所有颗粒的粒度及粒形参数，与前两种方法相比，可大幅度提升检测效率并能精准再现每个颗粒的形貌和尺寸，预计在未来将成为主流的检测方法，具体可参考 GB/T 21649.2—2017《粒度分析图像分析法　第 2 部分：动态图像分析法》。图 3 - 10 为采用动态图像分析法分析颗粒形貌的示意图。

EQPC 54.222μm	EQPC 27.002μm	EQPC 29.695μm
FERET-MAX 56.370μm	FERET-MAX 44.880μm	FERET-MAX 30.540μm
FERET-MIN 56.475μm	FERET-MIN 19.963μm	FERET-MIN 29.134μm
球形度 0.492	球形度 0.670	球形度 0.922
长径比 0.967	长径比 0.445	长径比 0.942
凸度 0.972	凸度 0.541	凸度 0.970
圆度 0.726	圆度 0.64	圆度 0.942

EQPC 44.419μm	EQPC 53.976μm	EQPC 35.160μm
FERET-MAX 72.902μm	FERET-MAX 67.964μm	FERET-MAX 36.891μm
FERET-MIN 36.216μm	FERET-MIN 49.534μm	FERET-MIN 34.790μm
球形度 0.704	球形度 0.617	球形度 0.902
长径比 0.497	长径比 0.729	长径比 0.543
凸度 0.926	凸度 0.936	凸度 0.548
圆度 0.150	圆度 0.304	圆度 0.515

EQPC 39.291μm	EQPC 35.154μm	EQPC 32.442μm
FERET-MAX 46.543μm	FERET-MAX 37.349μm	FERET-MAX 35.552μm
FERET-MIN 35.630μm	FERET-MIN 35.425μm	FERET-MIN 32.373μm
球形度 0.469	球形度 0.547	球形度 0.905
长径比 0.760	长径比 0.944	长径比 0.937
凸度 0.546	凸度 0.951	凸度 0.947
圆度 0.441	圆度 0.532	圆度 0.904

EQPC 21.404μm	EQPC 24.200μm	EQPC 27.417μm
FERET-MAX 27.454μm	FERET-MAX 32.055μm	FERET-MAX 39.298μm
FERET-MIN 14.244μm	FERET-MIN 14.345μm	FERET-MIN 20.503μm
球形度 0.428	球形度 0.751	球形度 0.765
长径比 0.657	长径比 0.495	长径比 0.522
凸度 0.925	凸度 0.470	凸度 0.504
圆度 0.324	圆度 0.271	圆度 0.266

图 3 - 10　动态颗粒图像法分析示意图

二、增材制造用金属粉末粒度分布检测

增材制造用金属粉末粒度的选取根据使用工艺的不同也有所不同，一般来说，激光选区熔化（SLM）的粉末粒度控制在 15 ~ 45μm，电子束选区熔化和激光熔化沉积（LMD）的粉末粒度控制在 53 ~ 150μm。一般认为直径小于 1mm 的粉体材料适用于增材制造，粒径在 50μm 左右的粉体材料具有较好的成型性能。粉末直径越小，比表面积越大，越容易发生团聚现象，团聚后的粉末会大大降低粉末的

可输送性。当粉末直径过大时，加热过程获取的能量无法充分地将粉末加热至理想成型温度，这可能导致材料的冶金变化不完全，影响材料之间的结合力，使得工件的致密性下降。目前常用的粒度测试方法主要有筛分法、激光粒度法和动态颗粒图像分析法。

（一）筛分法

筛分法的原理是让粉体试样在重力和振动作用下通过一系列不同筛孔的标准筛，将其分离成若干个粒级，分别称重，求得以质量百分数表示的粒度分布。目前，筛分法主要参照国标 GB/T 1480—2012《金属粉末　干筛分法测定粒度》，但标准规定中规定不适用于颗粒尺寸全部或大部分小于 45μm 的金属粉末，这一条件限制了其在增材制造粉末检测中的应用。

（二）激光粒度法

激光粒度法的工作原理：当激光束穿过分散的颗粒样品时，通过测量散射光的角度和强度来完成粒度测量，然后数据用于分析计算形成该散射光谱图的颗粒粒度分布。目前市售的激光粒度仪粒度测量范围可达到 0.01~3500μm，激光粒度法具有干法/湿法两种进样系统，分别适用于干、湿样品的测定，可覆盖绝大部分的增材制造粉末，是目前测量粒度分布的主流方法。检测标准主要参考 GB/T 19077—2016《粒度分布　激光衍射法》，其结果用体积百分比或者数量百分比表示。

（三）动态颗粒图像分析法

动态颗粒图像分析法与传统的静态图形颗粒分析法相比，大大减少了由于颗粒黏结造成的分析误差以及非球形颗粒取向造成的偏差，摆脱了静态图像分析对于取样数量的制约，从而能够得到更具统计意义的结果，目前已受到行业内越来越多的关注。

三、增材制造用金属粉末密度检测

粉末密度主要包括松装密度、振实密度、真密度等性能指标，这些指标能反映出粉末的整体工艺性能，从一定程度上体现细粉和粗粉在粉体中的组成情况，从而影响粉末的整体流动性。

（一）松装密度

松装密度是粉末在规定条件下自由充满标准容器后所测得的堆积密度，即粉末松散装填单位体积的质量。粉末松装密度的测量方法有 3 种。

1. 漏斗法　粉末从孔径为 2.5mm 或 5.0mm 的漏斗中按一定高度自由流入 25mm³ 的容器中，主要参考标准为 GB/T 1479.1—2011《金属粉末　松装密度的测定　第 1 部分：漏斗法》。

2. 斯科特容量法　把粉末放入上部组合漏斗的筛网上，使其自由流过布料箱，可参考标准 GB/T 1479.2—2011《金属粉末　松装密度的测定　第 2 部分：斯柯特容量法》。

3. 振动漏斗法　粉末装入带有振动装置的漏斗中，借助振动从孔径为 7.5mm 的漏斗中按一定高度自由流入 25mm³ 的容器中，可参考标准 GB/T 1479.3—2017《金属粉末　松装密度的测定　第 3 部分：振动漏斗法》。

对于增材制造用粉末，钛合金和铁合金等相对流动性较好的粉末，通常采用第一种方法；而铝合金等轻合金不易流过孔径较小的漏斗，一般采用第二或第三种方法。

（二）振实密度

振实密度是指在将一定重量的粉末放入容器中经特定频率和振幅条件下振实后所测得的单位容积，称取粉末重量根据松装密度不同一般为 50g 或者 100g，主要标准为 GB/T 5162—2021《金属粉末　振实密度的测定》。

(三) 骨架密度

粉末的骨架密度 (也叫真密度或者有效密度), 是指粉体质量除以包括开口细孔和封闭细孔在内的颗粒体积所得到的密度。目前测量粉末骨架密度的方法主要有比重瓶法和气体置换法, 当采用比重瓶法测量粉末时需要选取合适的浸润液, 将粉末完全浸入液体并完全排出气泡, 操作相对比较复杂, 存在误差的可能性较大, 主要标准为 GB/T 5161—2014《金属粉末 有效密度的测量 液体浸透法》。气体置换法则采用氦气代替浸润液, 利用氦气是小分子直径惰性气体, 具有易扩散、渗透性好、稳定性好的特点, 能迅速深入粉末的内部孔隙中, 使得粉末的骨架密度值更加贴近真实值, 目前在行业内已被越来越多地采用, 参考标准为 GB/T 40401—2021《骨架密度的测量 气体体积置换法》。

四、增材制造用金属粉末流动性检测

对于粉末床熔融工艺的增材制造来说, 流动性是一项非常重要的性能指标, 其直接影响铺粉的均匀性和层厚。粉末的流动性与颗粒的形状、大小、表面状态、密度、含水量等有关, 加上颗粒之间的内摩擦力和黏附力等复杂因素, 并不能用单一的物性值来表示。目前流动性的评价方法主要有两种: 漏斗法和安息角法。

(一) 漏斗法

一般称取 50g 粉末试样让其自由流过霍尔流速计, 测量所需时间, 流速越快流动性越好, 参考标准为 GB/T 1482—2010《金属粉末 流动性的测定 标准漏斗法 (霍尔流速计)》, 但是这种方法只能测量能自由流过霍尔流速计的粉末, 对于流不过的粉末只能采用安息角法。

(二) 安息角法

在水平面堆积的一堆粉末的自由表面与水平面之间的夹角称为安息角, 粉末的流动性越好, 休止角越小, 增材制造粉末一般要求休止角≤40°, 参考标准为 GB/T 11986—1989《表面活性剂 粉体和颗粒休止角的测量》。

五、增材制造用金属粉末夹杂物和空心粉检测

夹杂物指金属粉末中含有非成分及非性能所要求的物质, 有金属夹杂、非金属夹杂、混合夹杂等, 空心粉主要是指内部含有封闭气孔的金属粉末。有研究表明, 夹杂物和空心粉会直接影响增材制造最终产品的抗拉强度、屈服强度等关键性能指标, 尤其会导致高温合金产品的疲劳寿命下降。正因为夹杂物和空心粉的占比和尺寸直接影响到成品件的使用性能和寿命, 因此需要对两者进行有效控制, 以保证其质量。目前检测金属粉末夹杂物和空心粉的方法主要是显微镜法、扫描电镜法、工业计算机层析成像 (CT) 法。

(一) 显微镜法

显微镜法也就是金相检测法, 主要是采用金相镶样方法对金属粉末进行镶样、磨抛, 得到粉末金相试样, 然后利用光学显微镜观察粉末颗粒的截面图像, 统计出图像中的粉末颗粒总数量和夹杂物空心粉颗粒数量。图 3-11 为采用显微镜法测量 TC4 粉末中的空心粉。

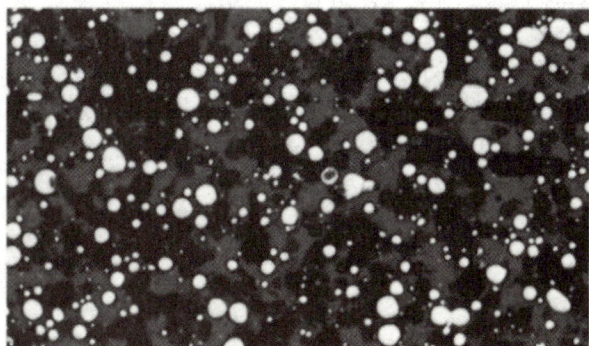

图 3 - 11　显微镜法测量空心粉

（二）扫描电镜法

扫描电镜法是用扫描电镜对粉末样品进行观察，对检查出的疑似夹杂物或空心粉进行能谱分析，利用分析软件统计出图像中的粉末颗粒总数量和夹杂物空心粉颗粒数量。

（三）工业计算机层析成像法

CT 法主要是利用工业计算机层析成像（CT）系统，对金属粉末进行断层扫描，得到粉末的二维断层图像，通过三维重构软件，重构出粉末颗粒的三维立体图像，统计出二维或三维图像中的粉末颗粒总数量和空心粉颗粒数量，经计算得出该批次粉末样品的夹杂物和空心粉率。有实验表明，CT 法是一种表征增材制造用金属粉末质量的理想工具，能定量分析粉末的粒度、体积、球形度等几何特征参数，通过三维分割成功提取了空心粉内部所有孔隙，分别以体积孔隙率、空心粉率、球形度等多种参数表征增材制造用的粉末质量。图 3 - 12 为粉末的二维断层图像，在图中可以清晰地发现空心粉，图 3 - 13 为重构后的粉末三维可视图。

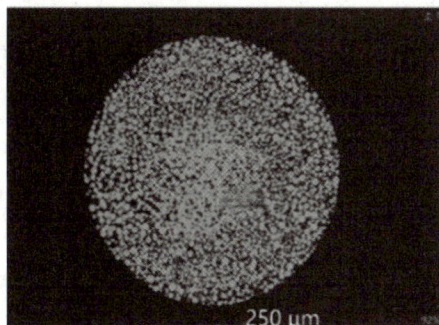

图 3 - 12　粉内部孔隙横截面形貌

图 3 - 13　粉末三维可视化效果

目标检测

答案解析

一、选择题

1. 以下不属于常见医用 3D 打印材料的是（　　）

　　A. 生物活性玻璃　　　　　　B. 聚乙二醇　　　　　　C. 医用纯钛　　　　　　D. 生物橡胶

2. 以下不属于医用 3D 打印材料与普通 3D 材料区别的是 (　　)

    A. 生物相容性要求　　　　　　　　　B. 在人体是否会被降解

    C. 材料是否常见　　　　　　　　　　D. 是否与人体适配

3. 以下不属于金属粉末检测标准方法的是 (　　)

    A. 分析法　　　　　　　　　　　　　B. 筛分法

    C. 漏斗法　　　　　　　　　　　　　D. 激光粒度法

二、简答题

1. 列举用于医用 3D 打印的几种材料。

2. 简述医用 3D 打印金属材料的优点。

3. 简述医用 3D 打印金属粉末的性能。

书网融合……

本章小结

第四章　增材制造技术的一般工艺流程及性能测试

学习目标

1. **掌握**　增材制造的一般工艺流程；增材制造产品的微观结构特性。
2. **熟悉**　增材制造产品的力学性能；不同增材制造工艺间的差异性和选择依据。
3. **了解**　增材制造的缺陷。
4. 学会用不同工艺进行增材制造。
5. 培养科学严谨的工作态度、实事求是和精益求精的工作作风以及良好的职业素养。

⇒ 案例分析

案例　某企业研发部正在开发一款新型有源医疗器械，设计部将零件图纸设计好后移交给生产部。这时，生产部犯了难，因为设计部设计的零件在结构上较为复杂。采用传统模具开发，需要1～2个月。但是，研发部急需初步样品进行性能分析。这时，研发部的经理建议采用增材制造直接制备零件，以满足后续研发的需求。

问题　1. 为什么复杂零件传统模具开发难度较大？

　　　　2. 增材制造在样品开发环节有什么优势？

第一节　增材制造的一般步骤

增材制造与传统的减材制造在工艺步骤上稍有不同，其具体步骤如图4-1所示，包括三维模型的建立、数据处理（三维模型的切片）、设备准备（打印参数设置）、加工、后处理。

1. 三维模型的建立　目前，增材制造技术要先通过三维绘图软件或3D扫描仪等方式构建三维模型，然后才能被打印。随着3D打印技术的发展，相关的三维绘图软件越来越丰富，有些软件甚至能将平面照片转化成立体模型。有些构形轮廓不规则时，还需要对三维图形进行加工，例如添加支撑以保证打印顺利进行，也有专门的STL修复软件用于解决这一问题，如MAGICS软件。通常三维模型采用STL格式存储，以便分层软件能够进行识别和进一步分层。STL文件中应该含有零件的尺寸、颜色、材料以及其他有用的特征信息。图4-2为三维绘图软件绘制的三维模型。

2. 数据处理（三维模型的切片）　将已经绘制成型的三维模型，按Z轴竖直摆放，再采用切片软件把其切成二维层片，切割平面与Z轴垂直。切片时每层的厚度对制件的质量及成型时间有着重大的影响。由于3D打印是逐层叠加制造的，在实际加工时并不会按模拟的连续面线制造，而是采用小台阶式的离散数据取代连续的轮廓线。因此，切片厚度越小，台阶效应越不明显，精度也就越高。但是切片厚度也不是越薄越好，厚度太薄，会大大增加成型难度和成型时间。所以，切片厚度需要根据不同机型和制件来调整，而厚度的精准度往往取决于分层件的性能优劣和3D打印设备的精度。

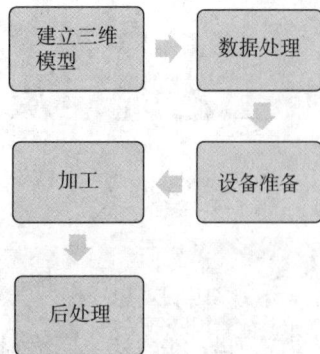

图 4-1　增材制造的一般步骤

图 4-2　三维模型

3. 设备准备（打印参数设置）　所有的增材制造设备都有一些必要的加工参数需要设置。有些增材制造设备是专门为几种材料设计的，需要设置的参数非常少，使用过程中只需要改变几个打印参数，如分层厚度。而有一些增材制造设备需要设置的参数比较多，用户可以通过操作软件实现材料的选择、打印的速度以及低污染打印模式等参数的设定。这些设备一般有一些缺省参数或者是上一次加工后保存下来的参数，有时参数选择错误不会影响加工的进行，但会在一定程度上会影响零件的质量。

4. 加工　切片完成之后，系统将根据切片时设定的每层厚度来确定各层的高度 Z 位置，并按照切片获得的二维平面图形进行打印加工。每打印完一层，成型平面相对于成型喷丝头下降一层，然后继续执行下一层打印，依此类推。在此过程中，只要选择合适的技术参数（如温度、速度、填充密度等），就能确保层与层之间粘连良好，即可保证逐层叠加打印成型。在加工过程中只要系统没有检测到错误，零件一般都可以顺利地完成加工。

5. 后处理　零件通过增材制造工艺制作完成之后，需要将零件周边的多余材料清理干净，并且将零件与制造平台分开。成型完成后，零件上会有明显的逐层堆积纹路，同时也可能存在若干表面缺陷。例如，由材料本身的胀缩导致的微小形变或应力产生的问题，以及由于机械精度原因导致的表面不光洁问题等。这些问题都需要通过后处理予以解决。一般的后处理方式有打磨、浸喷树脂、瞬时高温气流、溶剂蒸汽等。

📎 知识链接

STL 格式数据

目前为止，大部分增材制造系统中，所获得的打印模型都会转换成 STL 的文件格式。这种格式由美国 3Dsystems 公司开发，是和当时成型工艺相配合的一种较为简单的语言，已经成为当前的增材制造技术标准。自从 1990 年以来，几乎所有的 CAD / CAM 制造商都在他们的系统中整合 CAD - STL 界面。STL 格式数据，是一种用大量的三角面片逼近曲面来表现三维模型的数据格式。STL 数据的精度直接取决于离散化时三角形的数目。一般地，在 CAD 系统中输出 STL 文件时，设置的精度越高，STL 数据的三角数目越多，文件就越大。特别是面积大的表面，需要采用数量较多的三角形逼近，这就意味着弯面部件的 STL 文件可能非常大。

第二节　不同增材制造工艺间的差异性及工艺选择依据

一、不同增材制造工艺间的差异性

1. 基于光敏聚合物的系统　使用光敏聚合物作为原材料的系统很容易建立。典型的光敏聚合物 3D 打印系统如 SLA 技术，其工作原理及内部结构如图 4-3 所示。然而，它需要创建支撑结构。光敏聚合物的加工系统往往需要使用与零件材料相同的材质作为支架。对于材料喷射系统，可以很容易通过并行喷墨打印头来制造辅助支撑材料。与其他系统相比，光敏聚合物系统的一个优点是精度非常高，分层很薄而且精细。早期的光聚合物材料性能较差，但是现在已经开发出一些新的树脂，在一定程度上改善了它的耐温性、强度和延展性。光聚合物材料的主要缺点是如果不涂抹紫外线防护涂层就会很快降解。

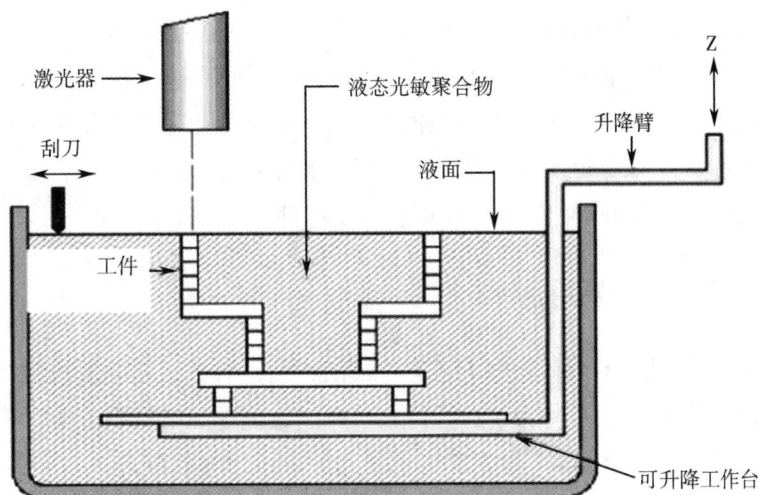

图 4-3　SLA 快速成型机的内部结构

2. 粉末床系统　对于粉末床系统，不需要使用支撑物，它采用逐层沉积粉末的方法进行制造（金属系统的支撑除外）。因此，粉末床系统是较容易实现的系统之一。使用黏结剂喷射（binder jetting）工艺通过粉末床制成的部件可以通过使用有色黏合剂材料着色。粉末床熔合工艺在每个工序中都有大量未使用的粉末，这些粉末都有一定的温度，这可能会导致粉末发生相应的变化。因此，需要精心地设计粉末回收装置来保证粉末原料的质量，以确保零件的质量。图 4-4 为黏结剂喷射系统及其组件。

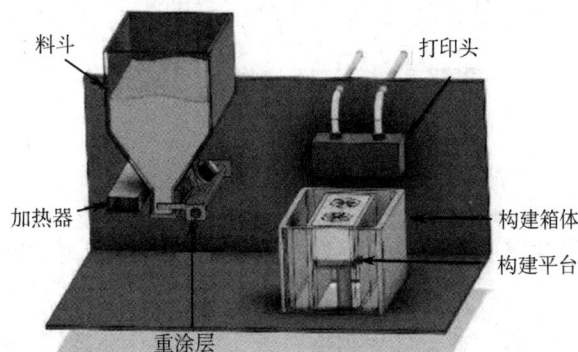

图 4-4　黏结剂喷射系统

了解粉末在机器中的特点也很重要。例如，一些机器在构建平台的每个侧面都配有粉末进料腔，这些腔室顶部的粉末可能比底部的粉末密度小，底部的粉末将在顶部粉末的重量下被压缩，这反过来可能会影响沉积在每层的材料量和机器中最终零件的密度。对于较高质量要求的零件来说，这将会带来一定的问题，可以通过在开机前仔细压实进料室中的粉末以及在制造过程中调节温度和粉末进料参数来解决。

3. 熔融材料系统　熔融材料系统是需要支撑结构的。对于基于液滴的系统，如热喷射工艺，这些支撑结构是自动生成的。但是对于材料挤出工艺或定向能量沉积系统，需要自动产生支撑物，或者用户可以灵活地制造支撑物。对于水溶性支撑物来说，支撑物的位置并不太重要，但是对于采用与制件相同的材料制成的支撑系统，就必须认真考虑支撑物的位置，因为分离支撑时可能会损坏制件。另外，使用材料挤出工艺制造出的 ABS 制件是强度最高的增材制造聚合物制件之一，它们一般被作为功能性的制件使用，这意味着与其他工艺相比，它们需要大量磨抛加工，因为它们精度会比其他增材制造技术工艺制造的制件要低。

4. 片材系统　片材层压工艺不需要支撑，只需要放置片材后进行切割。相反，需要增加一个清理制件中多余废料的自动化工艺，但可能需要密切关注制件的内部特征。清理工艺将是一个费力的过程，因此需要知道制件的最终状况以确保该过程不会损坏制件本体。如果不小心使用密封剂和涂料，纸基系统则在处理上会遇到问题。聚合物片材层压所制的部件，通常不易被损坏。对于金属板层压工艺，首先切割片材，然后堆叠以形成 3D 形状，因此不需要移除支撑件。

二、增材制造技术的选用原则

增材制造技术已有十余种，不同的成型工艺有不同的特色，对于工艺类型的选择需要综合考虑各方面的因素，如产品的用途、形状、尺寸大小、成本核算等。正确选择增材制造的工艺方法，对于更有效地利用这项技术是非常重要的。图 4-5 为主要增材制造工艺的选用原则。

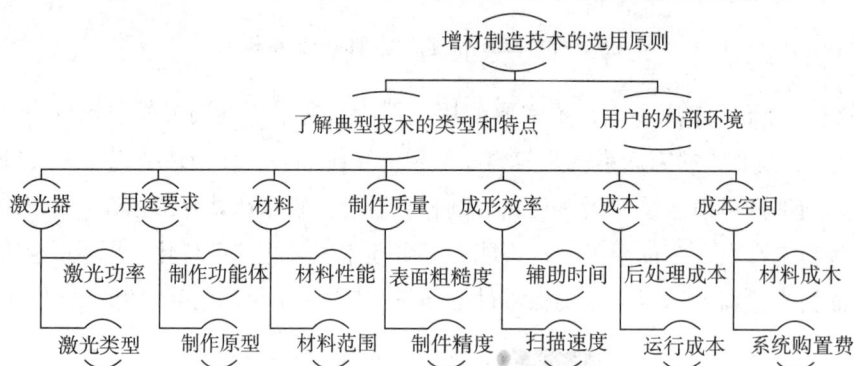

图 4-5　增材制造技术的选用原则

（一）产品的用途

产品可能有多种用途要求，但是每种增材制造工艺只能满足有限的要求。

1. 只对形状和尺寸精度要求高的零件　这种要求比较简单，绝大多数精度较好的增材制造工艺均可达到这种要求。

2. 对机械性能要求较高的产品　对于这种用途要求，样品的材质和力学性能要接近真实产品。因此，必须考虑所选增材制造工艺能否直接或间接制作出符合材质和力学性能要求的工件。

3. 模具快速制模（RT）　是增材制造技术的主要应用方向之一，目前的 RT 技术有两个研究方向。一个是 DRT（直接快速制模），它主要有三种方法：①软模技术；②准直接快速制模技术；③直接制造制模技术。另一个是 IRT（间接快速制模），它也有两种方法：①通过增材制造技术成型一个腔（塑料、蜡等），再通过模型用铸造、电极成型、金属喷镀等方法成型模具；②通过增材制技术生产铸型（砂型或壳型），再通过铸造技术用这些砂型或壳型生产模具。

4. 小批量和特殊复杂产品的直接生产　对于小批量和复杂的塑料、陶瓷、金属及其复合材料的零部件，可用 SL 工艺直接增材制造。目前，人们正在研究功能梯度材料的 SLS 增材制造工艺，零件的直接增材制造对航空航天及国防工业有着非常重要的价值。

5. 新材料的研究　这些新材料主要是指复合材料、功能梯度材料、纳米材料、智能材料等新型材料。这些新型材料一般由两种或两种以上的材料组成，其性能优于单一材料的性能。

（二）产品的形状

对于形状复杂、薄壁的小工件，比较适合用 SLS、SLA 和 FDM 工艺制作；对于厚实的中、大型工件，比较适合用 LOM 工艺制作。

（三）产品的尺寸大小

每种型号的增材制造装备所能制造的最大零件尺寸都有一定的限制。通常，工件的尺寸不能超过上述限制值。然而，对于薄形材料选择性切割快速成型机，由于它制作的纸基工件有较好的黏结性能和机械加工性能，因此，当工件的尺寸超过机器的极限值时，可将工件分割成若干块，使每块的尺寸不超过机器的极限值，分别进行成型，然后再予以黏结，从而拼合成较大的工件。同样，SLS、SLA 和 FDM 工艺的制件也可以进行拼接。

（四）成本

1. 设备购置成本　此项成本包括购置增材制造装备的费用，以及有关的上、下游设备的费用。对于下游设备除了通用的打磨、抛光、表面喷镀等设备之外，SLA 快速成型机最好配备后固化用紫外箱；SLS 快速成型机往往还需配备烧结炉和渗铜炉。

2. 设备运行成本　此项成本包括设备运行时所需的原材料、水电动力、房屋备件和维护费用以及设备折旧费等。对于采用激光作成型光源的增材制造装备，必须着重考虑激光器的使用寿命和维修价格。例如，紫外激光器的使用寿命为 2000 小时，紫外激光管的价格高达数十万元；而 CO_2 激光器的使用寿命为 20000 小时，在此期限之后尚可充气，每次充气费用仅为数千元。原材料是长期、大量的消耗品，对运行成本有着很大的影响。一般而言，用聚合物作为原料时，由于这些材料不是工业中大批量生产的材料，因此价格比较昂贵。然而，用聚合物（液态、粉末状或丝状）作为原材料时，材料利用率高。

3. 人工成本　此项成本包括操作快速成型机的人员费用，以及前、后处理所需人员的费用。

第三节　增材制造产品的微观及表面结构特性

一、产品的微观结构

AM 制件的微观结构通常可以分为两类：蜂窝细胞晶枝状态结构和柱状微观结构。

1. 蜂窝细胞晶枝状态结构 大多数材料在蜂窝细胞晶枝状态下固化。蜂窝细胞结构是在金属 AM 制造期间的高冷却速率下产生的，在 SLM 中可达到 –263℃/s。因此，SLM 成型件的微观结构细小，合金元素饱和，呈现出亚稳定和紊乱的特点。在 EBM 工艺中，高预热温度提供了应力消除和原位退火，这造成微观结构较为粗糙。精细的微观结构会产生与锻造或铸造材料相当的强度，有时甚至接近常规材料在时效硬化条件下的强度（例如 AlSi10Mg）。但它们的延展性通常较低。对于 Ti6Al4V 更是如此。因此，大多的研究工作都集中在提高其延展性上，通常是通过后处理、热处理或改变工艺参数等方式来提高延展性，此外，热等静压（HIP）也能改善疲劳强度。

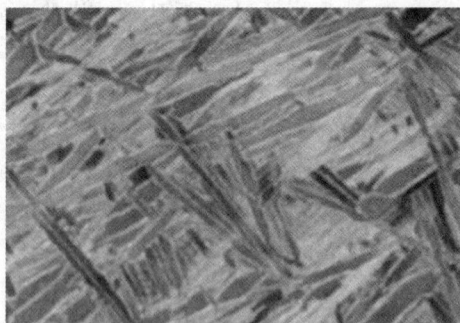

图 4 – 6　Ti6Al4V 的微观结构图

2. 柱状微观结构 尽管柱状结构中最常用的材料是 Ti6Al4V，但是对于其他材料（例如 Inconel 718，Ta 和 W）也有柱状结构。

Ti6Al4V 的凝固范围小于 –263℃，合金元素的分配和相关的成分过冷却过程受到限制，这导致垂直 β 晶粒（针状马氏体的典型柱状结构）生长跨越了许多层，它在 SLM 淬火期间转变为马氏体，并且在 EBM 中转变为层状 α + β 晶粒。在 DED 中，微结构在 SLM 和 EBM 之间变化，并显示部分底部和顶部之间的梯度。图 4 – 6 为 Ti6Al4V 的微观结构图。

二、产品的表面结构

基于离散堆积成型的增材制造制件，其表面上会显现每一分层之间产生的如台阶一般的阶梯，可以把这称为"台阶效应"。这种现象在曲面上显现得更加明显。"台阶效应"是由于在打印曲面形状的过程中，每一分层都有一定的厚度，相邻层的形状轮廓存在着变化，呈现出来即为表面的台阶。"台阶效应"的明显程度与成型的方法和参数有关。

对 FDM 而言，具体与喷嘴直径、分层厚度及成型角度有关。

对于激光打印的产品：如果激光功率不足，烧结的粉末颗粒熔化不完全，成型件中会存在大量的间隙；如果激光功率过大，则会因为熔固收缩而导致制件翘曲变形。

一般来说，SLS（激光选区烧结）的成型件表面光洁度较低，因此需要进行后处理来提高制件的表面质量。

SLM（激光选区熔融）过程中经常发生飞溅、球化、热变形等现象。一些飞溅的颗粒夹杂在熔池中，使成型件表面粗糙，而且一般飞溅颗粒较大。在铺粉过程中，飞溅颗粒直径大于铺粉厚度也会导致铺粉装置与成型表面碰撞从而产生破坏。

三、产品表面的后处理

3D 打印件打印完毕后，其表面需进行细致的处理。主要的物理后处理方法：①表面打磨、抛光，以消除"台阶效应"；②去支撑处理，可以使打印件和支撑结构分离；③渗蜡处理，以增加打印件的强度。

3D 打印件直接后处理包括打磨、抛光、去支撑、后固化、延寿、着色等处理工艺，前三种属于物理方法直接后处理。后处理需要按照一定的要求进行。

1. 顺序要求　后处理工艺需按一定顺序进行，以防止互相干扰和影响。后处理工艺的先后顺序一般为去支撑，后固化，打磨，蒸发，抛光，延寿，着色。如果在进行延寿处理后再进行打磨处理，则会损坏打印件表面的防护层。

2. 精度要求　总体来说，所有的后处理工艺对打印件的精度都有影响。在实际操作中，合理的后处理需要根据打印件的精度要求而定。如果选择后处理的方式不合适，会造成打印件的精度不符合要求，导致打印件需进行额外的处理甚至使其报废。

3. 工艺要求　相同的 3D 打印工艺，其打印件的特点不相同，需要进行的后处理也不同；打印材料不同，使用的后处理方法也不同。所以需要根据打印件的材料种类和特点，选择需要的后处理工艺和合适的工艺参数。

4. 保护要求　对 3D 打印件进行后处理时，要防止对打印件造成损伤或者使其性能下降。有些处理工艺可能会降低打印件的使用寿命，如使用着色剂对金属打印件着色，易导致锈蚀。

常见的打印件的主要后处理有除粉、表面打磨、浸液体材料、表面涂料等。零件完成去粉后，若还需要长久保存，就需要增加保护措施。

第四节　增材制造零件的力学性能

1. 孔隙率　指散粒状材料表现体积中材料内部的孔隙占总体积的比例。孔隙的主要作用是降低应力，防止制件发生快速断裂。延展性和强度随着孔隙率的降低而增加。对于高孔隙率的样品来说，断裂应力低于屈服强度，应变测量的伸长率也会随之降低。随着孔隙率的降低，强度显著增加，接近屈服强度。然而，由于应力 – 应变曲线弹性部分的陡坡，断裂应变仍然很低（小于 10%）。对于 10% ~ 15% 范围内的残余孔隙率，断裂应力低于屈服强度并低于拉伸强度，导致可测量塑性在 10% ~ 30% 之间。孔隙率低于约 5% 时，零件恢复 50% ~ 60% 的全延展性。孔隙会促使裂纹扩展，从而使机械性能降低，因此制造高密度部件通常是 AM 工艺优化的首要目标。

后处理可用于缓解或消除 AM 制件中的缺陷结构。关键金属部件的常用方法是热静压法（HIP）。然而，HIP 不能完全有效消除所有层间缺陷。例如，氧化物层可能不受 HIP 的影响。但是，HIP 可有效降低孔隙率。

2. 刚度　材料的弹性模量或刚度随孔隙度的减小而降低。实验研究表明，在 AM 中，陶瓷材料能够制造出几乎没有空隙或裂纹的制件。

此外，对铸钢的研究描述了弹性模量与孔的形状和尺寸之间的关系，铸钢的弹性模量公式如下：

$$\frac{E}{E_0} = \left(1 - \frac{P}{P_0}\right)^n$$

式中，n 是经验指数；P_0 表示在代表性体积元素中允许存在均匀孔隙率的最大值，同时也是产生零刚度的截断值。n 和 P_0 都取决于微结构孔的尺寸和形状。

3. 拉伸性能　AM 制件的微观结构在制造方向（建造方向与正交于建造方向）方面是各向异性的，并且通常显示出或多或少明显的纹理。因此，其拉伸性能（UTS，EL）也是各向异性的。

AM 制件的延展性在很大程度上受到内部缺陷的限制，如孔隙率或金属融合缺陷。沉积部件的内部缺陷和表面粗糙度造成了不连续的表面，使得部件容易产生应力集中。应力集中降低了材料可承受的最大外应力。在金属材料加工的过程中，熔合不足容易形成长的尖锐孔，这些孔导致了局部应力集中。此外，快速凝固而形成的微细结构特征将会提升制件的强度，但是错位运动受限使得制件的延展性有所降低。

AM 中细长的各向异性晶粒会影响垂直于构建方向的延展性。例如，由 DED 制成的 Ti6Al4V 中的 α相晶界叠加先前的 β 相晶界，将会使制件在纵向施加张力时形成分离晶粒的裂纹，降低零件的延展性，但横向方向的张力不受晶界相位的负面影响。

在聚合材料中，层与层之间的分子结合不充分和层间孔隙会造成制件负载区间的分层。在烧结金属的工艺中，通常可以用孔隙率来描述断裂伸长率。

大部分可用钢种的拉伸性能符合 AM 制造技术应用的标准。

4. 冲击韧性　研究表明，冲击韧性受材料特性的影响，不同材料的 AM 制件会表现出不同的冲击韧性。

比如 AlSiMg 中的冲击韧性是各向同性的，纵向和横向的均值为 $0.04J/mm^2$，这是因为该材料中具有相对等轴晶粒的特征。

但是，Al6061 中的冲击能量是各向异性的，水平方向的冲击能量为 $0.015J/mm^2$（沿着构造方向断裂），垂直方向上为 $0.07J/mm^2$（沿层方向断裂）。由于沿着构建方向的柱状晶粒生长，其沿着构建方向产生裂纹路径，导致在该方向冲击能量明显降低。

5. 疲劳强度　熔融物在 AM 中的快速凝固造成了残余应力累积，这主要是由熔池固化收缩以及在冷却期间额外的热收缩引起。两者都会造成 AM 制件中的残余应力显著增加。除了导致部件翘曲之外，这些残余应力也可以导致部件的裂纹形成和生长。

与静态机械性能相同，金属材料的疲劳强度主要取决于其微观结构。然而，表面粗糙度和材料缺陷等加工工艺的固有特性会在很大程度上影响 AM 制件的疲劳性能。分层制造工艺通常会造成表面粗糙度增加，机械表面处理（例如抛光）可以有效改善疲劳性能。但是，由于材料缺陷，疲劳性能的评估相当困难，例如孔隙率和层黏结不足会导致实验数据的离散点增加，难以比较。通过热等静压处理这些缺陷，使材料致密化，可以改善疲劳性能从而获得与铸造和锻造材料相当的性能。

6. 静态强度　通常，静态强度取决于部件的密度以及在制造过程中形成的微观结构。与通过传统路线（例如铸造）制造的部件相比，AM 制造部件的微观结构更为精细。因此，一般来说，AM 制件的静态强度较好。

增材制造的金属中极限拉伸强度和屈服强度通常大于或等于其铸造、锻造或退火对应的强度。这是由于 AM 加工期间熔池的快速凝固，形成了微细结构特征，如细晶粒或密集间隔的晶枝。

典型霍尔 - 石料粒度强化描述了材料的屈服强度与平均粒径之间的关系：随着晶粒尺寸的减小或微结构特征的错位运动，材料的屈服强度增加。AM 制成的金属中的微观结构特征会阻碍错位运动，形成比常规加工和退火更高的屈服强度。

通常，增材制造的材料的屈服强度和极限拉伸强度无明显的各向异性。但是，当在凝固期间发生晶粒的外延生长时，细长晶粒可以在构建方向上生长，使微结构呈现出纹理特征，或者表现出较好的晶体取向。Ti6A14V 可以进行热处理使微观组织均匀化，或者使晶粒再结晶和粗化，但同时也会导致产量和极限拉伸强度的降低。另外，如果强度受到明显的孔隙或融合缺陷的影响，HIP 可用于消除和"愈合"样品中的内部孔隙和缺陷，增加延性。

热处理通常会降低强度，增加延展性。在 AM 加工过程中，聚合物材料的强度可能会受到结构缺陷或层间黏附以及分子结合不足等因素的影响，因此平行于连续激光路径或细丝沉积路径的部分具有较高强度，而垂直于连续激光路径或细丝沉积路径的部分强度则较低。

第五节　增材制造零件的常见缺陷及后处理

一、常见的缺陷

1. 球化现象　是导致孔隙率、微裂纹或表面粗糙度差等物理缺陷的原因之一。当液体材料由于表面张力不能润湿下面的基底时，加工条件的不稳定使液体发生球化，这将导致在加工过程中产生粗糙的珠状扫描轨迹，进而增加制件的表面粗糙度和内部孔隙率。同时，污染也会降低润湿程度，因此及时清理显得尤为重要，要尽量减少加工过程中的氧化膜和污染物。多孔性是增材制造制件中的常见缺陷。

2. 失真和分层　扭曲、翘曲、偏转是增材制造的加工缺陷，它是材料体积变化（例如光固化中聚合收缩或 FDM 中挤出的加热塑料细丝的收缩）或制件内较大热梯度引起的应力所致的缺陷。在极端情况下，偏转可能会导致分层，这取决于材料特性以及加工的参数和方法。

3. 裂纹　由于多种原因，裂纹是增材制造成型工艺中常出现的严重问题。基于激光的增材制造金属工艺（激光烧结、SLM 等）引入大量的热量，熔池的快速收缩或固体材料中的高温梯度，都会在增材制造材料中形成裂纹。而耐热冲击性较差的材料（如陶瓷或脆性金属）将会更容易产生裂纹。此外，黏结剂材料造成的偏析和干燥收缩也可能引起裂纹。

4. 化学降解和氧化　在许多增材制造工艺（特别是经受高温的工艺）中，必须严格控制大气条件（如氧含量、湿度等），这是为了防止最小化降解和氧化。除大气条件外，较高的能量输入或工作温度及加工参数也可能增加化学降解和氧化。

5. 表面粗糙度差　是增材制造制件的另一个问题，由许多复杂的因素造成，例如层厚度和制件的"台阶效应"、粗沉积珠（例如 FDM 中的粗丝）、工具精度、表面张力和半熔融粉末（例如附着在 SLM 中下表面的粉末和支撑材料）。表面粗糙度也可能由使用材料的老化而引起，例如，SLS 中广泛使用的聚酰胺粉末可能导致表面质量差，表现为橘皮表面。虽然可以使用较小的沉积珠（或粉末）和降低层厚度来改善表面粗糙度，但是这种做法可能会降低生产率。复杂增材制造制件的表面粗糙度差，需要进行后处理，如喷砂、机械研磨、激光抛光、化学蚀刻等。

二、不同材料的缺陷类型

1. 陶瓷零件的常见缺陷　现阶段，可采用增材制造的陶瓷材料主要包括氧化锆、氧化铝、硼化锆等。由于整个加工过程是快速加热和快速冷的过程，在制品中会产生很大的热应力，出现热裂纹的现象。陶瓷本身具有脆性大、膨胀系数低等特点，所以无论是直接法还是间接法，在成型体积较大的部件时还会存在一定的困难。而且在制造小型部件时也容易产生孔洞和表面裂纹的现象。尽管通过预热可以减少热裂纹和内应力，但是过高的预热温度会形成较大的熔池，导致零件表面粗糙、精度降低。

2. 金属零件的常见缺陷　在利用激光熔融沉积工艺制造大型构件时，高功率激光束长期进行循环往复运动，其中的主要工艺参数、外部环境、熔池熔体状态的波动和变化、扫描填充轨迹的变换等是不连续和不稳定的，都可能在零件内部沉积层与沉积层之间、沉积道与沉积道之间、单一沉积层内部等局部区域产生各种特殊的内部缺陷（如层间及道间局部未熔合、气隙、卷入性和析出性气孔，微细陶瓷夹杂物，内部特殊裂纹等），最终将会影响成型零件的内部质量、力学性能和构件的使用安全性。

　　增材制造技术成型机理的固有特性——"瞬态熔凝过程"会导致制件内部形成微观缺陷,如裂纹、空洞等,其产生的原因包括工艺参数配置不当、内应力以及熔合不良等。

　　钛合金本身所特有的优良的塑性性能,使其制件往往很少出现裂纹,但在制件内部大多存在微气孔以及熔合不良等缺陷。成型件内部的气孔形貌呈球形,在成型件内部的分布具有随机性,气孔是否形成取决于粉末材料的松装密度等特性,氧含量对气孔的形成没有影响。熔合不良缺陷貌一般呈不规则状,主要分布在各熔覆层的层间。

　　激光快速成型容易产生开裂和裂纹,多发生在树枝晶的晶界,呈现出典型的沿晶开裂特征。熔覆层中的裂纹是凝固裂纹,属于热裂纹范畴。裂纹产生的主要原因是熔覆层组织在凝固温度区间晶界处的残余液相受到熔覆层中的拉应力作用所导致的液膜分离。

　　此外,激光增材制造的瞬态熔凝过程所产生的极高的温度梯度,极易在制件内部形成封闭的内应力。

　　3. 塑料零件的常见缺陷　由于 FDM 工艺制造制件时,在制造过程中从底层到顶层具有一定的温度梯度,不像注塑成型制件可以靠外界压力压模成型,其层与层是通过材料冷却后自然结合的分子力黏结在一起的,这使得其强度有所下降。而且层与层之间在沉积过程中留有一定的孔隙,造成了层与层之间的黏结力不足,其强度低于注塑成型制件。

三、提高零件强度的后处理方法

　　提高零件强度的后处理方法有以下 5 种。

　　1. 物理气相沉积(physical vapour deposition,PVD)　是依靠物理方法,利用真空蒸发、气相反应在工件表面沉积成膜的过程,是一种环保型的、有别于传统成膜方法的现代表面处理技术。

　　2. 加热固化　是通过加热,使打印件分子间进一步固化,结构进一步稳定,从而增加打印强度。该方法多用于 SLA 打印件。

　　3. 化学热处理　是在一定的温度下,在不同的活性介质中,向金属的表面渗入适当的元素,同时向金属内部扩散以获得预期的组织和性能为目的的热处理过程,如渗碳、氮化、碳氮共渗、渗硼、渗硫、渗铬、渗铝等。

　　4. 延寿处理　该技术能分成三大类:第一类是以消除应力为主的工艺方法;第二类是以表面修形为主的方法;第三类是表面涂层等改性技术。在 AM 工艺中,主要的延寿方法是表面改性技术。

　　5. 电镀　是指将工件放在含有被沉积的金属离子的电解液中,通过外加的直流电,使工件表面覆盖上一层薄的金属镀层,以达到防蚀、装饰、导电、耐磨、导磁或易焊的方法。电镀是一种用电解方法沉积所需镀层的电化学过程,也是一种氧化还原过程。电镀的适用范围很广,一般不受工件大小和批量的限制,镀层厚度一般在 0.001 ~ 1mm。

第六节　医用增材制造粉末床熔融成形工艺金属粉末清洗及效果验证方法

　　增材制造技术通过材料堆积的方式,可实现复杂宏观和微观结构的医疗器械制造,例如拓扑优化过的部件和网格结构,尤其是多孔结构。在粉末床熔融增材制造过程中,多余的金属粉末会填充器械的内部空间，并且滞留在多孔内部结构中，难以去除。部分烧结的金属颗粒与未熔融颗粒之间通常难以区分，并且在器械的使用期间可能存在分离的风险。

一、残留金属粉末常用的清洗流程

按照残留金属粉末的来源及特点，根据产品材料、体积、结构设计特征等关键参数和自身技术条件，按需选择并自主确定粉末床熔融成形工艺金属粉末的清洗方案。自行选择适合评价对应样品残留金属粉末清洗效果的验证方法，以确保残留金属粉末清除的效果，不排除采用其他清洗工艺。

二、清洗工艺

1. 高压介质清洗　利用流动的高压介质对样品表面及孔状结构内部进行喷射，以达到清理残留金属粉末的目的。可根据残留金属粉末清洗要求确定喷射介质、流速、压力、喷射方向和角度、喷射口与部件表面喷射距离、喷射时间等参数。

2. 超声波清洗　利用超声波在液体中的加速作用、空化作用以及直进流作用，使残留金属粉末从样品表面及孔状结构内部被分散、剥离，从而达到清理的目的。可根据残留金属粉末清洗要求确定清洗介质、超声波清洗机工作参数、清洗温度、清洗时间和清洗次数等参数。

3. 声波干洗　利用声波产生的震荡效应对样品的表面以及孔状结构内部进行处理，从而达到清理残留金属粉末的目的。可根据残留金属粉末清洗要求确定声波震动的频率和处理时间等参数。

4. 固体介质喷击　利用高速固体介质流的冲击作用对样品表面及孔状结构内部进行处理，从而达到清理残留金属粉末的目的。可根据残留金属粉末清洗要求确定喷击介质、目数、气流速或压力、喷击距离、喷击方式等参数。

5. 化学清洗　使用化学试剂对样品的表面以及孔状结构内部进行处理，从而达到清理残留金属粉末的目的。可根据残留金属粉末清洗要求确定清洗介质、清洗时间、清洗温度、清洗次数、处理温度、处理时间等参数。

尽管化学清洗能够有效去除残留金属粉末，但需注意，化学试剂在产品表面及孔状结构内部的残留问题，宜评估后续清洗工艺对于化学清洗残留的化学试剂的去除效果。因为化学清洗可能存在引入新残留的风险，所以应通过风险收益分析充分评估采用化学清洗方法的必要性。

三、清洗效果验证方法

根据自身产品特性、制造工艺和自身具备的检测技术条件，选择样品清洗难度最大的部位，选取下列所述的一种或几种检测方法进行清洗效果的验证，并对验证结果做出判断（不排除使用其他经过验证的清洗效果验证方法）。

（一）外观检查

在300～700lx照度下，用正常或矫正视力分别在不经放大条件下（或自行确定的放大倍数下）观察样品表面金属粉末的残留情况。

（二）光学检查

1. 全光透过检查　若样品的点阵结构允许光透过，可测定重复打印的点阵结构中残留金属粉末的存在。具体方法如下：①将灯台或光纤灯作为光源对齐部件，使点阵结构的常规开放空间与光源和成像设备对齐；②使用对比色滤镜或滤纸确保开放空间的清晰可视化。堵塞或封闭的孔隙将被遮蔽并且可能表明残留的材料被困在点阵结构内；③可以对堵塞的孔隙进行可见区域测量，以获得半定量结果。

2. 显微镜检查　可根据样品特性和自身设备条件，选择光学显微镜、X 射线显微镜（XRM）、扫描电子显微镜等一种或几种适宜的检测设备，观察残留金属粉末情况，记录并保留不同放大倍数下（$n \geqslant 2$ 张）能够足以说明清洗效果的清晰照片（有无残留金属粉末、残留物颗粒计数），并对检测结果做出清洗效果是否达到要求的判断。

（三）样品称重法

将经过清洗验证之后的样品干燥至恒重，采用精度不低于 0.0001g 的天平称重，记为 m_0，然后将样品按需选择清洗方法，清洗处理后将样品干燥至恒重，称重，记为 m_1。计算得出清洗前后的质量变化 $\Delta m_1 = m_0 - m_1$，即为金属粉末的残留量。再经一次清洗后将样品干燥至恒重，称重，记为 m_2。$m_1 - m_2$ 应不大于规定的限量，代表清洗效果可以被接受。

（四）末道清洗纯化水电导率

按照《中华人民共和国药典》2020 年版四部通则 0681 制药用水电导率测定法，测定末道清洗纯化水的电导率（25℃）。若电导率仪不具有温度补偿功能，可装恒温水浴槽，使待测水样温度控制在 (25 ± 1)℃；或记录水温度，按 GB/T 6682—2008《分析实验室用水规格和试验方法》附录 C 方法进行换算（注：不适用于清洗介质在清洗过程中动态更新的清洗设备）。

（五）末道清洗纯化水 pH

按照《中华人民共和国药典》2020 年版四部通则 0631 pH 测定法，测定末道清洗纯化水的 pH（25℃）。若 pH 计不具有温度补偿功能，可装恒温水浴槽，使待测水样温度控制在 (25 ± 1)℃；或记录水温度，按 GB/T 6682—2008《分析实验室用水规格和试验方法》附录 C 方法进行换算（注：不适用于清洗介质在清洗过程中动态更新的清洗设备）。

（六）工业计算机层析成像（CT）检查

按照 GB/T 29070—2012《无损检测　工业计算机层析成像（CT）检测　通用要求》中的相关要求，在高度复杂的器械中存在的残留金属粉末，可采用高分辨率 CT 检测开放空隙空间分布、颗粒之间夹杂物以及表面包裹物，通过计算，间接评估粉末在零件开放空间内的剩余量，以及颗粒残留水平。

（1）采用高分辨率 CT 观察颗粒尺寸 $\geqslant D_{50}$（分布曲线中累积分布为 50% 时最大颗粒的等效直径）的颗粒，颗粒的三个维度中每个维度都至少要有三个像素的长度。

（2）扫描方法和后处理应在相同设计和材料的样本之间保持一致。应使用标准参考材料定期进行扫描校准。

（3）应使用标准化和经过验证的程序对扫描数据的阈值进行处理，从而最大限度地提高部件材料与周围介质之间的对比度。因为部件的外边缘可能难以与松散或部分熔合的颗粒区分开，所以在对固体组分边界处的阈值进行处理期间需要特别注意。

（七）破坏性试验

在产品经末道清洗、烘干后，将样品剖开，观察样品内部的金属粉末残留情况。

目标检测

一、选择题

1. 以下不属于增材制造一般步骤的是（　　）

　　A. 数据处理　　　　　　B. 加工　　　　　　C. 分层制造　　　　　　D. 后处理

2. 以下不属于增材制造零件缺陷的是（　　）

　　A. 自由成型制造　　　　　　　　　　B. 球化现象

　　C. 失真和分层　　　　　　　　　　　D. 表面粗糙度差

3. 以下不属于医用增材制造粉末床熔融成形工艺金属粉末清洗工艺的是（　　）

　　A. 高压介质清洗　　　　　　　　　　B. 固体介质喷击

　　C. 超声波清洗　　　　　　　　　　　D. 热浸洗

二、简答题

1. 简述增材制造的一般步骤。

2. 简述可以提高增材制造零件强度的后处理方法。

3. 增材制造产品表面的后处理有哪些要求？

书网融合……

本章小结

第五章　增材制造技术创新性结构设计

学习目标

1. **掌握**　免组装机构设计的方法。
2. **熟悉**　拓扑优化设计、免组装机构设计、仿生结构设计的概念和原则。
3. **了解**　拓扑优化设计、免组装机构设计、仿生结构设计的案例。
4. 学会拓扑优化设计的方法及软件使用。
5. 培养科学严谨的工作态度、实事求是和精益求精的工作作风以及良好的职业素养。

⇒ 案例分析

案例　某公司通过胶黏剂喷射技术成功制造了铝制的仿生学结构舱门。该仿生力学结构在满足使用强度的要求下，不仅将质量减少了30%，而且减少了材料的使用，完美地解决了传统加工方式所面临的加工复杂性的挑战。能源的缺乏使飞机需要不断提高燃料效率和经济性，以降低其对环境的影响，而零部件的轻量化恰恰是实现降低燃料消耗的关键方式之一，该轻量化仿生结构满足了航空航天领域的发展需求。

问题　1. 增材制造的加工方式与传统加工方式有哪些区别？

　　　　2. 除了轻量化仿生结构外，还有哪些仿生结构设计方案？

第一节　拓扑优化设计的概念、方法、软件及案例

一、拓扑优化设计的概念

拓扑优化（topology optimization）是寻求高性能、轻量化以及多功能创新性结构的有效设计方法，在汽车制造、航天航空等领域已得到广泛的应用。所谓拓扑优化，是指在给定区域内寻求结构内部材料分布的最佳方式，使结构在满足应力、位移等约束条件下，实现某种性能指标的最优化。

拓扑优化是一种先进的结构设计方法，能够生成高比强度的创新型结构。但是拓扑优化得到的结果往往具有十分复杂的几何构型，采用传统制造工艺难以进行加工，因此设计人员不得不考虑在可制造性的基础上对设计结果进行二次修正，这就会破坏结构的最优设计，导致拓扑优化的优势不能充分发挥。

增材制造（additive manufacturing，AM）技术作为一种新兴的加工成型技术，为复杂结构的制备提供了极大的灵活性。由于增材制造采用的是"逐层累加"的方式，因此几乎不受零件几何外形的限制，可以实现高度复杂几何结构的自由"生长"成形，特别适用于成形拓扑优化设计的复杂结构件。

虽然增材制造技术能够实现复杂拓扑结构的制造，但二者结合还存在着一些现实问题。首先，拓扑优化以有限元分析（finite element analysis，FEA）为基础，执行过程中常常需要进行多次的迭代计算，因此精细化的拓扑优化需要消耗大量的计算资源，这就导致其必须依赖计算机软件进行。其次，增材制

造过程存在着许多工艺限制，如连通性约束、悬空角约束等，在拓扑优化时需加以考虑。

目前传统的拓扑优化理论经过多年的发展已较为成熟，主流的商用有限元分析软件都提供了拓扑优化的功能，如 ANSYS、ABAQUS 等。但这些 FEA 软件主要针对结构仿真，并非专门针对增材制造而设计，因此其拓扑优化功能往往较为有限，且优化结果并不能直接用 3D 打印的方式进行制造。为进一步深化拓扑优化在工程领域的应用，开发面向增材制造的拓扑优化设计软件模块势在必行。

二、拓扑优化设计的方法

拓扑优化的理论研究开始较早，1988 年 Bendsoe 和 Kikuchi 首次提出了基于均匀化方法设计结构的拓扑构型，自此拓扑优化方法的发展突飞猛进。根据优化对象的不同，拓扑优化可分为离散体结构拓扑优化和连续体结构拓扑优化。前者以桁架结构为代表，主要研究节点单元的相互连接方式以及节点的删除与增加；后者主要是确定结构内部有无孔洞以及孔洞的位置、数量和形状等。图 5-1 给出了零件拓扑优化的基本过程。

设计空间 ⇒ 有限元模型 ⇒ 拓扑优化 ⇒ 结果验证 ⇒ 最终许可

图 5-1　零件拓扑优化流程

（一）常见的离散体结构拓扑优化方法

基结构法主要是依据桁架结构优化设计原理提出的，将设计域划分为许多子域，然后用杆单元连接各节点，将杆单元直径作为设计变量。

（二）常见的连续体结构拓扑优化方法

1. 均匀化方法　基本思想是在组成拓扑结构的材料中引入微结构，优化过程中以微结构的几何尺寸作为设计变量，以微结构的消长实现其增删，并产生介于由中间尺寸微结构组成的复合材料，从而实现了结构拓扑优化模型与尺寸优化模型的统一。

2. 相对密度法　是结构拓扑优化中另一种较为有效的物理描述方法，它是受均匀化方法的启发而产生的。其基本思想是不引入微结构，而是引入一种假想的相对密度在 0~1 之间可变的材料。它吸取了均匀化方法中的经验和成果，直接假定设计材料的宏观弹性常量与其密度的非线性关系。

3. 渐进结构优化法　是近年来兴起的一种解决各类结构优化问题的数值方法。它基于以下简单概念：通过将无效或低效的材料一步步去掉，剩下的结构将逐渐趋于优化。该方法采用已有的有限元分析软件，通过迭代过程在计算机上实现，该法的通用性很好。

渐进结构优化法不仅可实现拓扑优化，还可同时实现形状优化和解决各类结构的尺寸优化，无论应力、位移、刚度优化，还是振动频率、响应、临界应力优化，都可遵循渐进结构优化法的统一原则和简单步骤进行。

在微机上的实施也很简便，有限元分析和结构修改（删除或增补单元）的功能相互独立，且优化中避免了网格重新生成的问题。实际上，在整个优化过程中只采用一种有限元网格（初始设计网格），单元的存在状态用 0 或非 0 记录，删除的单元被赋 0 值，这样在组装刚度或质量矩阵时不予考虑。适用于实际工程结构优化的软件也正在发展之中。

三、拓扑优化设计的软件及案例

目前国内自主研发的提供拓扑优化功能的软件平台较少，其中具有代表性的是大连理工大学开发的国产 CAE 平台 SiPESC 以及上海数巧信息科技有限公司开发的在线拓扑计算云平台 Simright Optimizer。以上两款产品主要针对传统拓扑优化，并未涉及增材制造相关功能。在面向增材制造的拓扑优化方面，国外 CAD 软件仍走在前列，下面将分别进行介绍。

1. Altair Inspire 是一个仿真驱动设计软件平台，其拓扑优化工具包括针对多个制造过程的优化设计功能。Inspire 提供了许多拓扑选项，包括优化目标，应力和位移约束，加速度、重力和温度加载条件。这些拓扑优化工具能够考虑并遵守增材制造方法的规则和规格，包括打印方向，避免型腔和过度倾斜角度等。针对增材制造的支撑生成，软件具有悬垂形状控制功能，有助于减少悬垂，从而创建更多的自支撑结构。图 5-2 为使用 Altair Inspire 生成的拓扑结构。

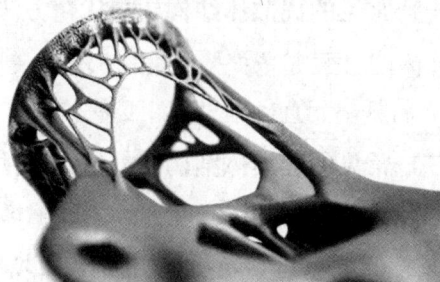

2. Autodesk Netfabb Netfabb 是由 Autodesk 公司推出的一款集设计、仿真、制造为一体的专业 3D 打印软件。其中拓扑优化模块与增材制造高度集成，能够在保持结构性能的同时减轻零件的重量，而且不违反增材制造工艺约束。此外，Netfabb 软件还在设计最后阶段提供质量控制，并能为目标 AM 机器提供支撑生成和切片数据，从而实现从拓扑结构到增材制造的无缝衔接。图 5-3 为利用 Netfabb 生成的拓扑结构。

图 5-2 使用 Altair Inspire 生成的拓扑结构

图 5-3 利用 Netfabb 生成的零件局部图

3. PTC Creo 2010 年，美国 PTC 推出全新 CAD 设计软件包 Creo。从 Creo 4.0 起，该软件支持"面向增材制造设计"（design for additive manufacturing，DFAM），加入了增材制造集成设计和性能分析等功能。从 Creo 5.0 开始，软件增加了拓扑优化功能，从而实现了增材制造与拓扑优化的有机融合。在 Creo 设计环境中能够自动交付高质量、低成本、可适用于增材制造的设计结果。最新的 Creo 还提供了基于云的创成式设计扩展包（GDX），能使用不同的材料和制造场景，同时创建多种设计，并突出显示首选方案。图 5-4 为基于 PTC Creo 5.0 拓扑优化功能得到的模型。

4. Siemens NX 提供了包括拓扑优化功能在内的全面集成式增材制造工具集，能够在同一平台下实现零件优化到制造的全部流程，从而保证数字数据链的良好完整性。这一特性的突出优势是可以在任何时刻对零件几何体进行重新优化，而后续流程（如生成打印支撑）可以自动进行更新，从而实现优化迭代并能提高效率，减小出错概率。图 5-5 是利用 Siemens NX 为工业汽轮机制作的首个 3D 打印部件。

图 5 - 4 基于 PTC Creo 5.0 拓扑优化功能得到的模型

图 5 - 5 利用 Siemens NX 打印的零件

从前面的分析可以看出，上述 4 种软件的拓扑优化设计与增材制造均有较高的集成度，除了提供传统拓扑优化功能外，还针对增材制造进行了专门的设计，例如在拓扑设计阶段能够考虑增材制造工艺约束、为增材制造自动生成打印支撑等，并且设计结果均能直接用于 3D 打印。表 5 - 1 对这 4 种软件在拓扑优化设计方面的功能进行了总结对比。

表 5 - 1 国外几种软件拓扑优化结构设计功能对比

软件	界面易用性	材料库	自动化几何重构	性能分析	制造约束分析功能	与增材制造的集成度
Altair Inspire	容易	丰富	较高	支持	强	很高
Autodesk Netfabb	容易	丰富	较高	支持	较强	很高
PTC Creo	较容易	较丰富	高	支持	较强	较高
Siemens NX	较复杂	较丰富	高	支持	较强	高

第二节 免组装机构设计的概念、方法及原则

一、免组装机构设计的概念

机械结构在工业、民用等领域应用广泛，如插销机构、转轴机构、各种运动转换机构等。在传统的加工方式中，一般是先单独制造出组成机械机构的各种零件，然后再将各零件通过销钉、铆钉、螺栓等紧固件进行连接，最终构成完整的机械机构。但这种加工方式存在着以下不足：①需先单独加工各个零件，然后再装配成完整可用的机械机构，具有工序烦琐等缺陷；②机械机构在设计时，设计者必须考虑机械机构装配时的操作空间以及装配方法，很大程度上限制了设计思路、机械的结构和连接方式。

机械机构作为各种机械设备中重要的子系统，传统的加工方法在一定程度上限制了其发挥作用的空间。因此，开发出一种能自由设计并快速制造机械机构的方法是很有意义的。

增材制造技术基于离散/堆积的原理，对零件的复杂性不敏感，可以制造出任意几何形状复杂的零件。因此，该技术另一个突出的优势，就是能直接制造免组装机械机构：采用数字化设计、同时装配和直接制造成形，无须实际装配工序。同时，由于无须装配工序，故在机构设计时可以不必考虑装配手段和装配空间，结构的外形也可以更加自由化。

尽管国内外已在尝试用增材制造技术实现多个零件原型装配体的直接制造，并取得初步成功，但这

些尝试仅涉及原型制作，其制作目的是方便分析机械结构的动力学行为或者改进产品设计，材料多为力学性能较差的非金属材料，尚不能算真正意义上的功能性免组装结构制造。华南理工大学在这些研究的基础上采用激光选区熔化技术成功制造出免组装金属机械机构，开创了增材制造功能性免组装金属结构的先河。

功能性免组装金属结构的数字化设计和增材制造方法总体上包含如下步骤：①建立机械机构中各零件的三维模型，并将各零件模型进行数字化装配，得到机械机构的三维模型；②将机械机构的三维模型导入增材制造设备，一次成型出整个机械结构；③对已成型的机械结构进行后处理（如去除支撑），得到机械机构的成品。对于其中的数字化装配，其一般流程如图 5-6 所示。

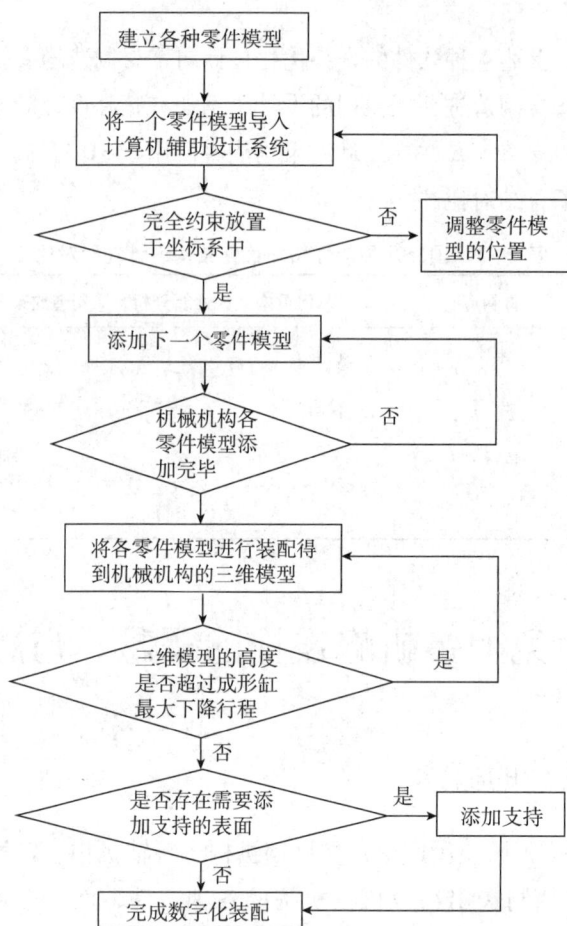

图 5-6　免组装机构的数字化装配流程

对于机械机构的设计，采用传统的面向制造与装配的设计（design for manufacture and assembly，DFMA）方法和采用免组装机构的数字化设计方法，结果是截然不同的。与机械机构的 DFMA 方法相比，免组装机构的数字化设计与直接制造方法具有以下特点。

（1）能够利用增材制造技术制造出机械机构，不用再进行后续的装配工序，缩短了制造时间。

（2）在制造前先对机械机构进行数字化装配，可以修正零件之间的装配关系，可有效避免通过手工装配零件所带来的装配误差，从而提高机械机构的稳定性和可靠性。

（3）在设计机械机构时，可不必顾虑装配操作空间和装配方法，开拓了机械机构的设计思路，也使机械机构的连接形式多样化，制作出更多适合实际应用的机械机构。

二、免组装机构设计的方法

（一）间隙特征的引入

特征一般是用于表征零件的形状和结构的属性。在以往描述零件的特征时往往更偏向于零件具体的形状和结构，如倒角、圆角、圆柱体等。若将免组装机构作为一个整体的零件，则其增材制造技术原理与一般的单零件增材制造技术原理是一样的。不同的是，免组装机构由若干零件构成，零件与零件之间存在间隙，并且构成间隙的两个相应面之间是可相对运动的。如果将间隙看作表征零件形状和结构的一种属性，并且根据构成间隙的零件之间的运动关系赋予间隙某种运动属性，那么免组装机构就相当于一个具有间隙特征的零件。

无间隙的零件和存在间隙形状的零件均属于单零件，存在间隙特征的零件实际上应当视为两个（或两个以上）零件。间隙形状和间隙特征之间的区别在于间隙形状只是形状上存在间隙；而间隙特征除了形状上是间隙之外，还具备运动属性的设计约束。当构成间隙特征的两个（或两个以上）零件存在运动属性时，该零件就相当于机构件。

（二）免组装机构的设计框架

经过间隙特征的引入之后，可以看出，免组装机构的增材制造也转换为具有间隙特征的零件的增材制造，其关键点实际上是间隙特征的增材制造。免组装机构的设计过程也围绕间隙特征展开。

既然可将免组装机构看作一个具有间隙特征的零件，那么免组装机构设计框架中的结构层就可以分为两大部分：常规结构特征和间隙特征。常规结构特征与单零件的结构层一样，间隙特征则是免组装设计所特有的。

图5-7为免组装机构的设计框架，将常规结构特征作为实现辅助功能的结构元素，那么免组装机构的设计就是进行间隙特征设计的过程。由于免组装机构的设计是建立在自由设计的基础上，因此，免组装机构的设计规则也遵循自由设计的一般设计规则。从结构元素的时序关系来看，常规结构特征应先于间隙特征，这从免组装机构的设计流程可以反映出来：先设计单个零件，再通过零件装配出机构，这时才有间隙特征的存在。在实际设计过程中，间隙特征也对常规结构特征有反馈，即在设计之初，间隙特征是有条件约束的。原因在于作为一个机构，配合间隙代表零件的运动关系，如果没有预先界定零件的运动关系，机构的设计过程就缺少了设计目标。从逻辑上看，间隙特征的条件约束是必需的。

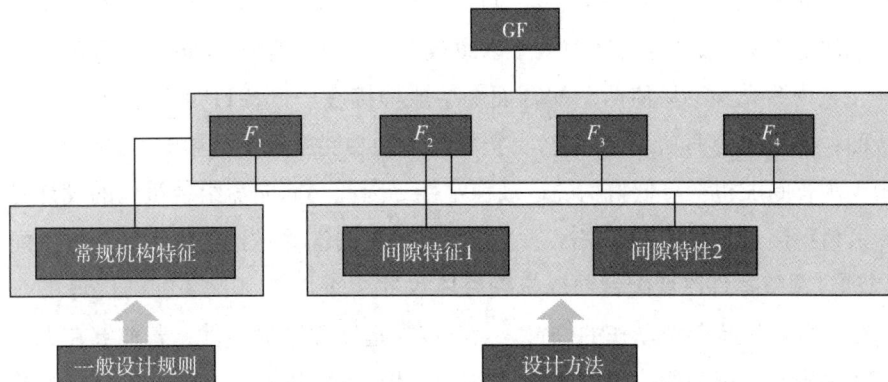

图5-7　免组装机构的设计框架

以轴和轴套构成的免组装机构为例，轴和轴套都作为常规结构特征，它们的配合间隙作为间隙特征，将整个机构看作一个具有间隙特征的零件。轴和轴套的形状和结构设计都应遵循面向自由结构的一般设计规则；在设计的时序上，先设计出轴和轴套，然后将轴插入轴套中进行装配，构成机构，此时轴与轴套所构建的间隙特征也出现了。但是，轴与轴套的装配关系决定了它们相互之间的运动关系，也决定了机构可以实现的功能：间隙配合时，轴和轴套可相对运动（穿插或旋转等）；过盈配合时，轴和轴套不能相对运动。两种运动关系下机构所实现的功能完全不同。如果在进行轴和轴套设计时，对它们的运动关系未知，那么这样的设计显然没有目的性可言。因此，轴和轴套的运动关系是条件约束，在设计它们的形状、结构、尺寸、公差等级时，必须考虑间隙特征的反馈。

（三）免组装机构的设计问题判据

在面向制造与装配方法的设计中，无论是面向手工装配还是自动化装配，都拥有若干设计准则或设计方法，用于指导零件和结构设计，以使设计更简单、更可靠，且成本更低。但是，免组装机构的设计面向无须装配工序的机构，同时也面向非传统加工方法，其设计方法与 DFMA 的设计并不相同。如上所述，免组装机构的设计中零件的形状和结构首先应当遵循自由设计的一般设计规则，但是，由于间隙特征的引入，免组装机构的设计有相应的设计技巧。

在进行免组装机构设计时，可以通过下面四个问题来检验和优化设计方案。

1. 构成机构的零件是否存在运动关系　构成机构的零件未必都是可动的。判别零件运动关系的目的是尽量减少零件数量，这与 DFMA 的设计原则是一致的。某些不存在运动关系的零件受到传统加工方法的限制，不得不采用多零件装配的方式。若将其改为一个零件，采用 DFMA 法思路设计时，就不得不考虑进行盲孔加工和加工整体外形时的装夹。但是在面向免组装的设计中，对此不作考虑，可以将轴套和固定座设计成一个零件，以减少零件数量。

2. 构成机构的零件形状和结构是否只为了实现机构功能　实现机构功能是机构中各个零件存在的目的。理论上而言，各个零件的外形和结构应该只是为了实现机构功能，无须因为其他目的而不得不做某些修改。按 DFMA 思路，为了方便轴装配于孔，不仅需要延长轴的长度，而且需要在轴的延长段设计出方便装夹的平面。这种为了实现装配而不得不设计的形状并不是直接针对机构功能的，在面向免组装的设计中可以不考虑，以简化零件的形状和结构。

3. 间隙特征是否既能满足运动属性要求又具有可加工性　由于增材制造技术所用的原材料形态可以是丝材、粉末、液态等，免组装机构的设计就不得不考虑成形材料对机构的配合间隙的影响：一旦配合间隙相对于材料尺寸太小以致间隙中的材料难以去除（如 SLM 或 EBSM 工艺中，如果间隙太小，间隙中的粉末可能无法清除），或者配合间隙太小以致成形时易使两个配合面黏结起来（例如，如果配合间隙太小，SLM 工艺中激光穿透易使两个配合面烧结或焊接在一起；FDM 工艺中，熔融的丝材也极易渗透到另一配合面，使两配合面黏结在一起），机构的运动功能就将受到影响，甚至导致机构无法运动。然而，一味地增大配合间隙也会降低机构的运动稳定性。因此，面向免组装机构的设计必须结合原材料特性和工艺条件。值得注意的是，一般情况下，免组装机构的设计是比较难以实现过盈配合的。

4. 是否可以通过调整零件改变配合面或机构整体尺寸　采用数字化装配的优势之一是在制造出机构之前就能够直观地看到机构各个动作的位置。对于存在运动关系的零件，若能够在无约束自由度上做移动、旋转等操作来减小配合面的面积或调整机构的整体尺寸，则对机构的加工是有利的。

问题 1 和问题 2 主要针对机构的形状和结构，力求机构更加简单；问题 3 和问题 4 则更注重提高机构的可加工性。需要特别说明的是，并不是通过检验和优化就可以使所有的免组装机构都达到最优，往往问题只能得到部分解决或者问题之间是相互约束的，需要根据具体情况做出权衡。

三、免组装机构设计的原则

可针对性地设计特殊的免组装机构特征或者采用不同的数字化组装策略，以适应不同的增材制造工艺。

（一）间隙特征优化

间隙特征是决定免组装机构能否成功制造出来的关键因素之一：太小的间隙影响机构的灵活性；太大的间隙影响机构的稳定性。理论上讲，只要机构的间隙大于粉末颗粒的最大粒径，就可以利用高压吹气等方法去除间隙中的粉末。由于受到成形过程中热的影响，间隙中的粉末可能会结团形成较大尺寸的团块。因此，尽管 SLM 工艺所采用的粉末粒径可以达到几微米，满足大多数机构运动要求，但是实际上能够方便去除粉末的最小间隙要远远大于粉末颗粒的最大粒径，这就有必要对免组装机构的间隙特征做一些修改。

（二）装配角度对外表面质量的影响

改变机构的装配角度，选择合适的空间摆放方式，目的是减少小角度悬垂面成型，避免添加大量支撑。不同的装配角度和摆放方式会对成形质量造成影响。

不同的装配角度和摆放方式下带来的优点和不足是不同的，不同机构在不同的装配角度和摆放方式下的成形质量各不相同，所对应的最优装配角度和摆放方式也不同，难以采用一个统一的标准进行规定。但是，在选择装配角度和摆放方式时，都需要遵循以下原则：在进行机构装配角度和摆放方式选择时，应尽量对构成机构的零件在无约束自由度上进行旋转、平移等改变机构的动作位置的操作，使机构可以在一定摆放方式下获得更优的成形质量。

（三）摆放方式对间隙特征的支撑的影响

尽管免组装机构用 SLM 工艺成形的流程与单零件类似，但是机构中存在间隙，需要保证成形后的间隙能满足机构的运动要求，这使免组装机构的成形策略与单零件不一样。在 SLM 工艺中，由于激光的深穿透作用，当成形件的下表面与成形水平面夹角小于某个角度时，必须添加支撑以防止悬垂物、翘曲等缺陷的产生，这个角度即极限成形角，这种需要添加支撑的表面即悬垂面。支撑通常在成形结束后再采取一些措施进行清除。

一方面，在机构成形结束后，机构间隙外部的支撑比较容易清除，但对于间隙内部的支撑，由于一般情况下机构的间隙都比较小，没有足够的工具操作空间，因此难以清除；另一方面，与非金属免组装机构不同，用 SLM 工艺成形的支撑，原材料与成形件一样都是金属，难以采用特殊的后处理工艺清除（如 FDM 可以利用支撑与成形件的熔点温度差使支撑熔化）。因此，避免机构间隙内部添加支撑或者尽量减少支撑数量是用 SLM 工艺成形免组装机构很关键的技巧之一。

既然支撑是由于悬垂面的存在而不得不添加的，那么如果能够使间隙内部的表面与成形水平面的夹角大于极限成形角，就可以消除悬垂面，避免添加支撑。要改变成形角度，最直接的方法就是改变机构的摆放方式。从间隙内部表面的成形角度出发，有水平、倾斜和垂直三种摆放方式。

1. 机构采用水平摆放方式　间隙内部表面的成形角度为 0°，间隙内部的下表面均为悬垂面，需要添加大量支撑；在成形结束后，位于间隙两端头的支撑有可能被清除，但是当间隙较小并且机构的配合段较长时，位于间隙中间的支撑很难被清除。

2. 机构采用倾斜摆放方式　间隙内部表面的成形角为 θ，此时，如果极限成形角小于 θ，那么间隙内部不存在悬垂面，无须添加支撑，在这种情况下，需要添加支撑的间隙表面仅是位于间隙端头的一段线段，支撑结构可以是线结构，并且全部位于间隙外部，方便清除。

倾斜摆放方式虽然减少了间隙内部的支撑数量，但同时也使间隙内部表面产生了"台阶效应"。

3. 机构采用垂直摆放方式 随着摆放角度的增大，摆放方式对间隙成形质量的影响会减小；当 $\theta = 90°$ 时，台阶效应消失，机构采用垂直摆放方式成形。理论上讲，垂直摆放方式可以从根本上消除间隙内部的悬垂面，使间隙内部表面不存在"台阶效应"。

第三节 仿生结构设计的概念、方法、流程及方案

一、仿生结构设计的概念

(一) 仿生设计学

仿生设计学，亦可称为设计仿生学（design bionics），它是在仿生学和设计学的基础上发展起来的一门新兴边缘学科，以自然界万事万物的"形""色""音""功能""结构"等为研究对象，有选择地在设计过程中应用这些特征原理进行设计，同时结合仿生学的研究成果，为设计提供新的思想、新的原理、新的方法和新的途径。仿生设计学主要包括仿生物形态仿生设计、仿生物表面肌理与质感的设计、生物功能仿生设计、生物结构仿真设计等。

结构仿生主要研究生物体与对环境适应的原理，并将其应用到产品设计及建筑设计中，以改进结构设计中的缺陷和不足，提高结构效率，强化可靠性。结构仿生设计学主要研究生物体和自然界物质存在的内部结构原理在设计中的应用问题，研究最多的是植物的茎、叶及动物形体、肌肉、骨骼的结构。这类结构的应用，不仅广泛应用于现代建筑，还应用于航空航天领域的航空发动机、家具等方面。

仿生的价值在于依照相似准则和前提，按照生物系统的结构和性质为工程技术提供新的设计思想及工作原理，并找到新的更加经济、合理、高效和可靠的方法。例如，为了提高头盔的防护能力，模仿啄木鸟头部结构形状而研发的仿生安全头盔；为降低风阻，模仿盒子鱼流线型身体而研发的低风阻汽车。除此之外还有蜂巢结构、肌理结构等。总体看来，结构仿生设计的应用已经成为产品改进和创新的现代趋势，对提高产品的实用性、保护性和方便性具有重要的指导意义。

(二) 仿生结构设计

生物经过十多亿年连续的进化、突变和选择，已经形成十分多样的材料和结构。这些天然生物材料通常利用有限的组分构造复杂的多级结构，并利用这种多级结构实现多功能性，以达到人工合成材料不可比拟的优越性能。而仿生结构设计是通过研究生物形态、结构、材料、功能及其相互关系，在深入理解生物机理的基础上，分析生物功能、结构与工程的相似性，提出仿生构思或建立数学模型，最终用于工程结构的一种设计。

大多数生物材料难以直接从自然中大规模获取并应用于材料与工程领域，因此，利用技术手段设计和制备具有类似结构与性能的仿生材料至关重要。目前，有研究人员利用多种方法成功制备了性能优异的仿生材料，一些在工程领域已经具有成熟的应用。然而，天然生物材料的一些主要特征，如精妙复杂的微纳米结构、不均匀结构的空间分布和取向等，很难使用传统的方法精确模仿。仿生材料的制备仍是材料领域的研究热点和亟待突破的难题。

增材制造技术对复杂结构、非均匀结构的成形具有极大优势，仿生结构设计与增材制造技术结合，可以通过对生物体和模型定性的、定量的分析，把其形态、结构转化为可以利用在技术领域的抽象功

能，并可以考虑用不同的物质材料和工艺手段建立新的形态和结构，创造出近生物模型和技术模型。

二、仿生结构设计的方法

在仿生设计领域中，仿生学的具体运用方法有其自身的特点，按不同的角度或不同的目的划分会获得不同类型的仿生方法。

（一）按生物所属种类来划分

1. 动物仿生　即通过模仿动物的各种特征来设计产品。

2. 植物仿生　即通过模仿植物的特征来设计产品。

3. 人类仿生　即通过模仿人类自身来设计产品。

4. 微生物仿生　与前三种相比，该仿生方法在工业设计中用得非常少。实际上自然界存在大量的微生物，其中也不乏完美的微观形态，因此，模仿微观形态也是工业设计仿生的一个具有现实意义的研究方向。

（二）按生物系统特征来划分

1. 形态仿生　即通过模仿生物的形态来设计产品，这是工业设计中最主要的一种仿生方法。

2. 装饰仿生　即把生物系统天然的色彩、纹理、图案直接或打碎重组后间接应用到产品的色彩计划和表面装饰中。

3. 结构仿生　自然界中的许多生物都具有非常精致、巧妙、合理的结构，设计师通过对这些结构的模仿，可以创造出为人类生活提供极大方便的产品。

（三）按模仿的逼真程度来划分

1. 具象仿生　指产品的造型与被模仿生物的形态比较相像。通常这类产品都具有可爱与趣味性的外观，能为生活增添乐趣，因此，在为儿童设计的产品中，该仿生方法用得比较多。

2. 抽象仿生　指对被模仿生物的形态或色彩进行概括、精炼，提取出最能代表该生物特征的元素，并进行适当的变形后用于产品的形态设计或表面装饰，使产品具有某种象征意义。因此，目前该种仿生设计方法应用比较广泛。

（四）按模仿的完整性来划分

1. 整体仿生　指对生物的整个形态进行比较完整的模仿，是比较常见的仿生方法。

2. 局部仿生　可分为两种情况：一种是在产品设计中只模仿生物的局部形态；另一种是在产品的局部位置采用仿生法进行造型设计。

三、仿生结构设计的流程

仿生设计流程主要有两种类型：第一种始于对生物体的研究，通过研究大自然中生物体的精巧结构，在现实应用中匹配期望产生类似功能的工程结构来进行仿生；另一种始于工程结构设计过程中遇到的问题，为了解决工程问题从而转向自然界去寻找有类似结构或者能实现类似功能的生物体，分析其构型特征来进行仿生设计。

（一）确定优化目标

从产品性能出发，分析产品需要提升的方面，确定产品的优化目标。

（二）选取仿生原型

根据产品特点确立优化目标以后，在自然界中寻找并根据相似理论筛选适宜的仿生原型，对生物原型进行研究并数字化。

（三）提取仿生原型的关键特征

依托相关技术获取生物模型点云，并对生物资料的关键特征提取，获取对产品改进设计有益的部分，并对采集数据进行后处理。

（四）对仿生结构进行优化设计

获取可运用于设计之中的结构以后，开展仿生结构的数据重构、优化设计，此过程需要进行多循环反馈式设计，工作量较大。

（五）新产品模型建立和评估

通过前期工作，基本能够获得改进的新型结构形式，之后对此结构进行分析，验证是否达到优化目标，并对产品进行增材制造成型。

四、仿生结构设计的方案

（一）轻量化仿生结构

2015年12月，空中客车公司公布了正在为其A320飞机设计的全新增材制造舱隔离结构，该结构由空中客车公司与欧特克（Autodesk）公司的The Living工作室共同开发，并使用了空中客车子公司APWorks开发的一种高科技合金Scalmalloy。整个增材制造的机舱隔离结构质量比之前要少45%（30kg）。

该隔离结构的设计是通过一种定制算法生成的，这种算法主要模拟细胞结构和骨骼生长。除此之外，空中客车公司也在通过模拟睡莲的超强结构探索如何减少飞机质量，以及从鱼的下颚中寻找灵感来改进扭转弹簧的设计。

由于跟以前的设计相比减少了很多的材料、质量和体积，该结构意味着更低的燃料消耗，也就是更少的成本支出。如果当前的每架空中客车A320飞机上都使用该增材制造机舱隔离结构，那么该公司每年将节省高达46.5万吨的二氧化碳排放。

（二）仿生微结构

多功能面的仿生微结构，特别是受植物叶子启发的超疏水表面结构，因其受到非常广泛的实际应用而受到越来越多的关注。该超疏水表面结构具有很高的科学研究和经济应用价值，例如，在自清洁、抗腐蚀、油/水分离、微反应器和液滴操作等领域的应用。南加州大学对人厌槐叶苹（salvinia molesta）叶片上独特的打蛋器形状微结构进行仿生设计，采用沉浸表面累积工艺（immersed surface accumulation based 3D printing）制造出了仿生人厌槐叶苹叶片的超疏水打蛋器微结构。结果表明，打蛋器微结构表面在超疏水和玫瑰花效应（rose petal）方面表现出诸多有趣的性能：打蛋器表面与水滴的黏附力可以通过设计不同的臂数来调节。该仿生微结构还可以作为"微型机械手"来操控微液滴进行某些操作，如无损转移、分离、反应混合以及三维细胞培养等。

（三）仿生结构化生物增材制造技术

生物增材制造技术，包括生物支架增材制造、细胞打印等，在特定位置不仅能制造天然和合成聚合物、药物、生长因子，还可以打印活细胞，借助增材制造技术制备具有仿生结构的组织或器官，可增强应用的可靠性。

　　增材制造技术可以便捷地制备形状可控的多孔支架材料，被广泛应用于生物材料和骨组织工程领域。在临床中大块骨缺损的修复方面，传统增材制造支架具有多孔的结构，将材料植入缺损部位后，营养物质和细胞会沿着孔向内渗入支架内部，进而有利于骨组织向内长入，最终促进骨缺损的修复。然而，传统增材制造支架都是由实心的基元堆叠而成，极大降低了材料的孔隙率；且其孔隙呈阶梯三维延伸状，并没有形成平直的孔道状，因此在流体力学上有较强的流体阻力，不利于营养物质和细胞渗入支架内部，阻碍了修复过程中的成血管和成骨。

　　中国科学院上海硅酸盐研究所研究团队受到自然界中莲藕内部平行多通道结构的启发，采用增材制造制备出仿生莲藕支架。

　　与传统的增材制造生物活性支架相比，该增材制造仿生莲藕生物支架更有利于营养物质向支架内部的传输，引导细胞和组织向内长入，从而促进前期的血管成长以及后期的骨成长，提高了骨缺损的修复性能；并且由于其多通道高孔隙率的结构特点，该种材料还可以用于药物大分子装载、表面功能化修饰以及催化、能源、环境等其他领域。

目标检测

答案解析

一、选择题

1. 以下不属于常见连续体结构拓扑优化方法的是（　　）

　　A. 均匀化方法　　　　　　　　　　　　B. 基结构法

　　C. 相对密度法　　　　　　　　　　　　D. 渐进结构优化法

2. 以下不属于免组装机构设计方法的是（　　）

　　A. 间隙特征优化　　　　　　　　　　　B. 免组装机构的设计问题判据

　　C. 间隙特征的引入　　　　　　　　　　D. 免组装机构的设计框架

3. 以下不属于按生物系统特征来划分仿生结构设计方法的是（　　）

　　A. 装饰仿生　　　　　B. 具象仿生　　　　　C. 结构仿生　　　　　D. 形态仿生

二、简答题

1. 常见的拓扑优化设计软件有哪些？

2. 简述免组装机构设计原则。

3. 简述仿生结构设计流程。

书网融合……

本章小结

第六章 增材制造技术在口腔医学领域的应用

学习目标

1. **掌握** 口腔扫描的操作流程及注意要点。
2. **熟悉** DLP技术在牙冠、牙科矫形器及牙科导板中的应用。
3. **了解** 齿科设计技术的原理及其应用。
4. 学会正确操作口腔扫描仪器的方法。
5. 培养科学严谨的工作态度、实事求是和精益求精的工作作风以及良好的职业素养。

⇒ 案例分析 --

案例 某义齿加工中心的工作人员正在对医生发过来的患者牙齿模型进行修复。以前，牙科医生经常需要患者直接咬住牙模，保持5分钟左右，然后取下来固定。而现在，牙科医生仅用一个小小的扫描仪在牙齿的表面轻轻划过，就可以在配套的电脑上看到患者的牙齿模型。扫描结束后，医生通过云上传功能发给了义齿加工中心。

问题 1. 这个牙齿的扫描仪叫什么名字？是否属于医疗器械？

2. 这种牙齿扫描仪的优点是什么？

第一节 口腔数字化技术概述

口腔三维扫描技术是一种用于获取口腔及颅颌面软、硬组织表面三维形貌的扫描测量技术，按扫描原理可分为接触式扫描技术、光学扫描技术和影像学扫描技术。其中，接触式扫描技术和光学扫描技术常被用于数字化印模的获取；影像学扫描技术常被用于颅颌面软、硬组织（如牙槽骨、颌骨、牙根、神经、肌肉等）三维数据的获取。

此外，当下技术的发展已允许采用DLP技术（一种3D打印光固化技术）制备牙冠、齿科导板、牙套等产品；激光3D打印技术则可以直接打印金属义齿以满足患者需求。

这些技术的优点在于其具有更高的制作精度及更少的处理步骤，可以更充分地利用耗材，从而降低制作成本以及提高生产效率。

第二节 数字化口内扫描技术

一、数字化口内扫描技术的技术原理

现有数字化口内扫描系统成像均基于光学扫描技术原理，采用光源进行口内组织照明，然后通过数字传感器捕捉后进行信息后处理及数据输出。口内扫描系统依据其使用光源不同可主要分为两大类：第一类是基于激光技术的口内扫描系统，所应用的技术原理主要为平行共焦成像技术和激光三角测量等技术，口内扫描时能从不同的角度和位置捕捉口腔组织图像；第二类是基于可见光技术的口内扫描系统，技术原理是通过静态图像采集、视频捕获及实时图像捕捉等技术方法采集图像，如图6-1所示。

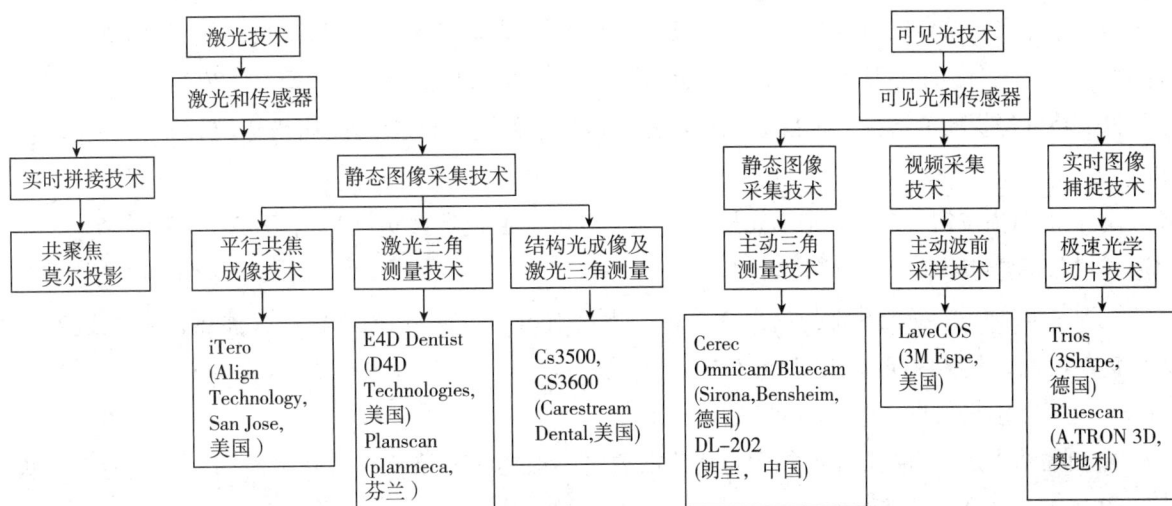

图6-1 口内扫描技术的技术原理

1. 实时拼接技术 是指把一个或多个由摄像机图像序列视频和与之相关的三维虚拟场景加以匹配和融合，生成一个新的关于此场景的动态虚拟场景或模型，实现虚拟场景与实时视频的融合，即虚实结合。三维视频融合技术，可依托于单独的三维引擎，实现小范围或局部的三维场景与视频等资源的融合应用。

2. 平行共焦成像技术（parallel confocal imaging technique） 最早起源于显微镜成像领域，其方法是将平行激光束通过口内扫描仪扫描头发送并投射到被扫描物体上，以特定的焦距照射目标后激光束会反射并通过一个小孔并被激光探测器收集，然后将其转换成数字图像，通过逐层扫描最终构建出口内组织的三维图像。

3. 激光三角测量技术（laser triangulation imaging technique） 原理是指扫描仪利用红色激光束与微镜以每秒约2万个周期的频率振荡，从被扫描物体周围的多个角度捕获一系列静止图像从而生成三维模型，其突出技术优点是相机仅需要扫描单个方向即可获取该图像中捕获目标区域的所有表面形貌细节。

4. 结构光成像及激光三角测量技术（etructured light imagingand laser triangulation technique） 该组合使用有助于连续捕获图像，从而能够精确地标识出牙齿三维表面形态。

5. 静态图像采集技术（stillImage capture technique） 采用了一种名为主动三角测量的技术，其原理是通过三条线性光束的交点在三维空间中定位进行数据采集。

6. 视频捕获技术（video capture technique） 该技术中的主动波前采样技术是唯一一种可捕获视频序列中的三维数据并实时建模的技术。主动波前采样指的是通过基于主光学系统的散焦来测量深度，从而从单镜头成像系统中获取3D信息。

7. 极速光学切片技术（ultrafast optical sectioning technique） 与视频捕获技术相似，可提高连续

图像捕获时的扫描速度。

二、口腔扫描的操作流程

口腔扫描设备操作步骤如下。

（1）安装口腔扫描仪控制软件后进入口腔扫描仪控制软件，进入软件主界面"新患者"，根据提示填写患者信息，点击"确定"，在"患者"中创建一个订单，选择要进行的口腔应用，如正畸、修复、种植等。注意：对于正畸顺序，不需要选择牙齿的位置。对于修复或种植，需要选择修复牙的位置。一些口腔扫描软件支持修复材料的选择、牙齿颜色等。种植体后端修复还包括利用扫描棒转移种植体的位置等手术。

（2）点击扫描按钮，系统会提示先扫描上颌，也可以通过切换选择扫描下颌。注意：浏览之前查看口腔扫描仪的链接状态。

（3）取下防护头，换上消毒扫描头（防护头无反射镜）。口腔扫描仪扫描头预热，一般需要20秒至2分钟的时间，具体时间与室内温度有关。

（4）完成以上操作后，即可开始扫描。

（5）扫描结束后，需把扫描数据根据格式需要（一般为STL格式）发送或者用U盘转移至义齿加工中心的电脑，如图6-2所示。

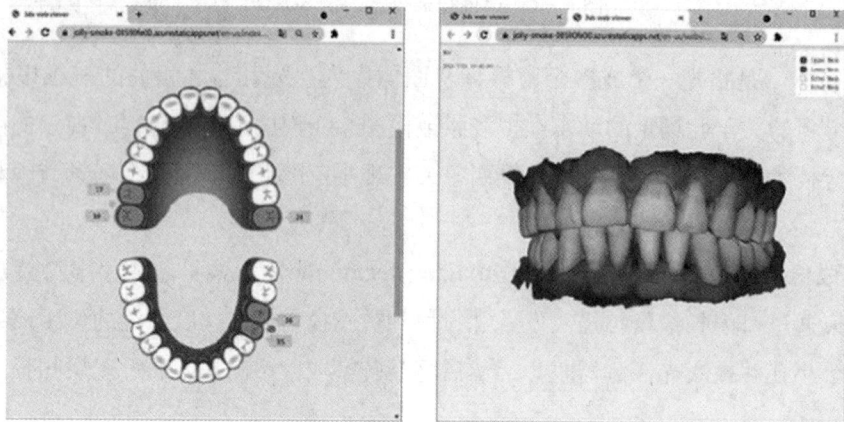

图6-2　口扫所得的牙齿模型图

知识链接

正畸传统取模和口腔扫描的区别

传统的取模方法，是利用托盘和调制后的印模材料，如藻酸盐或硅橡胶，放进口腔里，停留一会儿，才取得牙齿印模。得到印模以后，灌进石膏，翻制石膏模型。根据模型，技工厂利用技术制作出贴合的牙贴面、矫正器。但是可能会出现患者的不适感。

口内扫描，让口腔医生、护士和患者都变得更轻松。使用口内扫描仪，在嘴里探一探，就可得到牙齿、牙龈等硬软组织彩色3D图像，即数字模型。数字模型可展示口内变化分析，如牙齿移动、修复的情况。把口内数据发回技术工厂，经过数字化设计及3D打印技术，就能生产出契合的牙贴面、透明矫正器。

第三节　齿科数字化三维设计软件

本节选取义齿加工中心常用的齿科数字软件 Exocad DentalCAD 为例，对齿科数字化三维设计软件进行介绍。Exocad 是一款高度灵活、功能完备的义齿设计软件，用于数字化牙科制造过程中的牙齿和全口义齿设计。该软件提供可靠、快速、费用合理的方案，为牙科技术人员提供最先进的工具，以满足每一种图像处理方式和设计需求，并保证了高质量的最终产品。Exocad 具有易于学习和使用、高效、精确、兼容性强等特点，适用于不同类型的新手和经验丰富的技术人员使用。

一、软件特点

1. 可设计广泛的个性化修复体　包括牙冠、牙桥、回切牙冠、贴面、嵌体、高嵌体、临时牙、活动义齿和其他适应证类型。

2. 可整合多个与病例相关的开放数据集　口内和模型扫描、3D 面部扫描、颌骨运动数据、DICOM 文件和患者照片。

3. 以向导模式提供引导式设计工作流程　Exocad 基于向导的成熟工作流程可引导用户完成牙齿修复体设计和生产过程的每一步。在 DentalCAD 的高级模式中，用户可以单独调整设置，同时使用多个额外功能和工具。

二、使用步骤

（1）安装 Exocad 软件并打开，进入主界面。

（2）创建新项目，选择术语，输入患者信息，如图 6-3 所示。

（3）将口腔得到的数据导入 Exocad 软件中。

（4）选择相应的设计模板，进行牙齿或全口义齿的设计，如图 6-4 所示。

（5）根据需要修改和调整设计，包括形状、大小、颜色等，如图 6-5 所示。

（6）生成模型并输出或发送到制造设备。

图 6-3　软件主界面

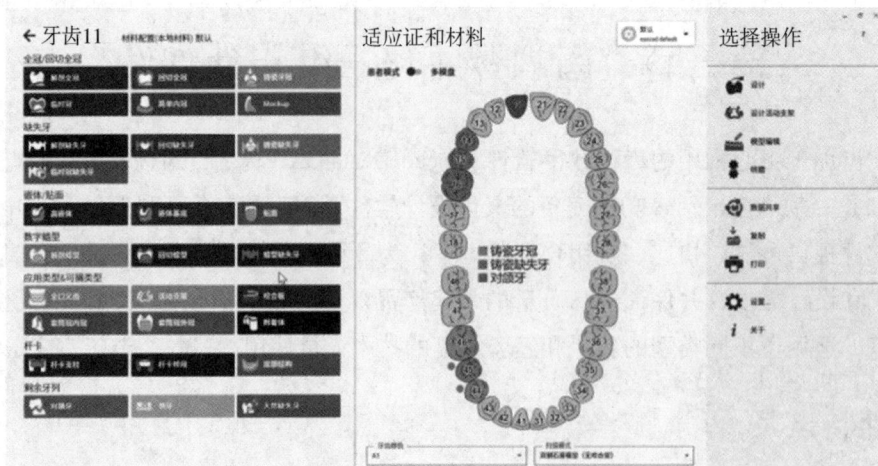

图 6-4 牙齿 11 的设计界面

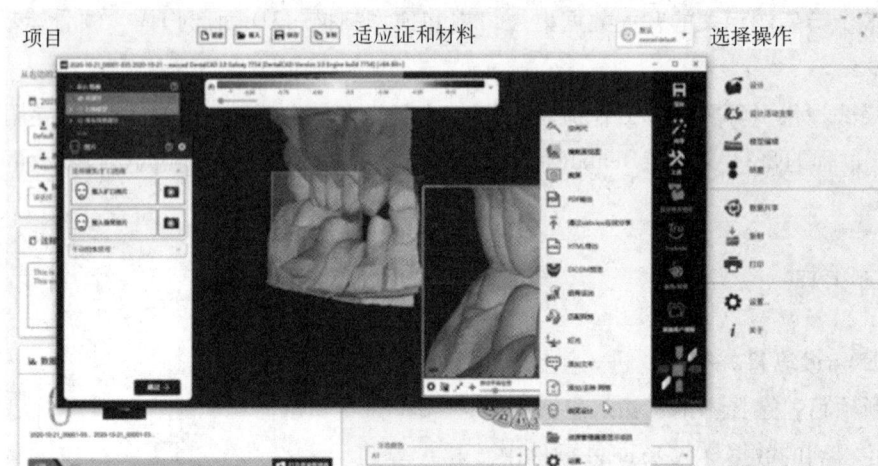

图 6-5 修改和调整设计界面

第四节 DLP 技术在牙科矫形器及牙科导板中的应用

一、DLP 技术在牙科矫形器中的应用

3D 打印技术在牙齿矫治器中的应用主要为舌侧矫治器和隐形透明矫治器。舌侧矫治器的 3D 打印技术多为 SLM 技术，利用 SLM 技术打印的金属舌侧矫正器，与传统的熔模铸造方法相比，可实现个性化托槽的直接成型，避免空穴、空洞等铸造缺陷。隐形透明矫治器多为 SLA 技术、DLP 技术。隐形矫治技术是全球最早实现批量化生产的 3D 打印商品，3D 打印技术能够实现不同矫正阶段牙齿模型的批量定制化生产。3D 打印是整个产品工艺流程中重要的一环，它都已经配备批量的 3D 打印设备和相关软件，用于隐形牙套的设计生产。但 3D 打印也存在一些限制，除了材料的门槛，生产效率其实也是亟待突破的一环。优化软件效率从而提高自动化程度，优化设计从而减少实际打印的难度和成本，都是不可忽视的突破点。

二、DLP技术在牙科导板中的应用

3D打印导板的制作：先将上、下颌牙列的直接或间接扫描数据与患者CT重建的颌骨模型进行配准，再在手术虚拟软件中根据三维测量结果模拟颌骨的截骨及移动操作，最后按照虚拟手术方案设计手术所需要的导板，输入3D打印机中用DLP技术加工。

第五节　口腔数字化技术在金属义齿中的应用

相比于传统加工工艺，3D打印技术可以简化义齿加工工艺流程，使用软件建立牙齿模型后即可打印出义齿，从而实现快速、精准、经济、高效的制作过程，主要可用于金属内冠、全冠，可摘局部义齿支架，全口义齿基托等修复体的制作。3D打印是以激光或电子束为热源，在密闭空间和惰性气体保护下将粉末材料熔化后层层叠加构造制品。与铸造钴铬合金相比，3D打印材料的微观形态（如组织结构、晶粒大小）和体现出的材料性能可能不同。针对以上问题，国内外学者已经做了研究，证明在合适的工艺参数下，3D打印钴铬合金制品的多项性能优于铸造态或与其相当。

一、3D打印人工牙根

当前口腔机构种植体也就是患者所说的人工牙根，都是统一标准件型号，尺寸相对固定，很难与患者的拔牙窝完全吻合；而且种植手术操作非常复杂，医生需要在患者的牙槽骨上打一颗固定假牙用的锥柱状种植体，等几个月锥柱状种植体固定后，再通过二次手术戴入牙冠，整个治疗周期需要6~8个月。随着3D打印定制化种植牙的应用，医生仅需微创拔牙、植入种植体和牙冠修复等步骤就能完成种植手术。据介绍，基于3D打印技术数据化理念，医生通过CBCT扫描及3D打印技术获得患者牙齿、牙龈和牙槽骨等全部完整数据，重建患者三维颌骨模型，有利于模拟种植手术环境以设计极佳力学种植点。

此外，3D打印定制化种植牙重塑患者原来的牙齿，省去预备植牙孔、植入骨粉等步骤，不仅避免了种牙手术造成的反复创伤，同时也大幅缩短了治疗周期。由此可见，3D打印技术在口腔医疗领域的应用，不仅可以提高患者手术过程的舒适度，减少患者的心理负担，同时还能实现微创、精准、快速、即刻戴牙等需求。3D牙齿种植体除了材料列，最核心的就是表面处理技术。

二、3D打印钴铬合金内冠

现在越来越流行将钴铬合金结合激光生成技术应用到套筒冠技术中。因为软件可以确定切削面的设计，通过运用一些应用技术的技巧，以达到极高的精确度。大量的参数可以更加精确地控制设计，例如，根据密合度决定需要为黏结剂保留的间隙值。软件也可以定义修复体壁的厚度，这样会使修复体加工变得更加高效。此外，就位道方向和切削表面的角度也可以被数字化定义，与通过观测仪人工确定的这些参数相比，非常精确，无不确定性。激光生成技术能够确保稳定的结果，

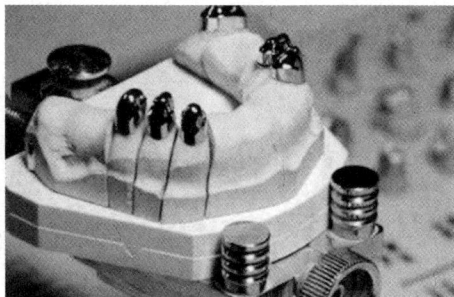

图6-6　激光烧结技术制作的钴铬合金内冠

牙科技工只需要根据患者的具体情况来调整个体参数。图 6 – 6 为激光烧结技术制作的钴铬合金内冠，其具有相对较低的维氏硬度，所以对内冠的后期扛磨也就相对较容易。之后的套筒冠外冠的制作根据具体需要和技工的喜好来决定。金沉积技术是众多解决方案之一，制作出来的冠壁厚度可以很薄，而且能在内冠上直接沉积出外冠，使内、外冠之间发挥极高的吸附，即固位作用。

目标检测

答案解析

一、选择题

1. 以下不属于口内扫描系统所使用光源的是（　　）

    A. 固体激光　　　　　　　　　　　　　B. 可见光

    C. 红外线　　　　　　　　　　　　　　D. 半导体激光

2. 以下不属于口内扫描系统可见光技术的是（　　）

    A. 三角测量技术　　　　　　　　　　　B. 视频捕获技术

    C. 极速光学切片技术　　　　　　　　　D. 红外激光扫描技术

3. 以下属于 DLP 技术在口腔医学领域应用的是（　　）

    A. 3D 打印钴铬合金牙冠　　　　　　　B. 3D 打印牙科用手术导板

    C. 3D 打印牙科种植体　　　　　　　　D. 3D 打印牙科套筒冠

二、简答题

1. 简述口腔扫描操作流程。

2. 简述齿科数字化三维设计软件 Exocad 的使用步骤。

书网融合⋯⋯

本章小结

第七章 增材制造技术在椎间融合器的应用

➡ 案例分析

案例 随着我国进入老龄化社会，腰椎退变性侧凸畸形（ADS）患者越来越多。腰椎手术治疗在神经减压的同时，为了矫正腰椎的侧凸和后凸，常需在椎间隙前份和凹侧撑开，恢复矢状位和冠状位的平衡，这个椎间隙是一个不规则的多面体结构。常规的子弹头型椎间融合器和骨结构置入并不适合一个不规则的椎间隙，往往导致矫正的角度丢失。为此采用 3D 打印技术，按照术前测量的椎间隙需矫正的角度打印一个匹配的腰椎椎间融合器，不仅可以按照术前规划矫正腰椎的侧后凸畸形，而且打印的融合器与上下椎体终板更匹配、接触面更大。多微孔的结构可使自体骨直接长入，避免大量异体骨的使用。其通体微孔结构可提供巨大的骨接触面，有利于组织液流动，促进骨细胞迁移和增殖，有助于募集炎性因子，具有一定的抗感染能力。3D 打印钛合金融合器的弹性模量更加接近人体正常骨质，能够真正和自体骨融为一体，降低远期骨折、塌陷、不愈合等并发症的发生率。

问题 1. 为什么 3D 打印可以制备一个匹配的腰椎椎间融合器？

2. 3D 打印椎间融合器可以在临床中应用了吗？

第一节 椎间融合器概述

脊柱类植入物主要包括脊柱内固定系统和椎间融合器。椎间融合器用于脊柱骨折、滑脱、不稳、间盘突出的椎间植骨融合内固定，能恢复椎间隙高度及生理曲度，为病椎提供初始稳定性，促进椎间骨性融合，并在一定程度上减少自体骨用量。

随着技术的升级，椎间融合器已进行多次革新，传统的椎间融合器由 PEEK（聚醚醚酮）或钛合金材料加工而成，不能诱导成骨长入，在融合器内通常要留置较大窗以满足植骨需要。近年来，3D 打印技术兴起和成熟，在骨科椎间融合器领域的应用也崭露头角，图 7-1b 为 3D 打印椎间融合器。相比传统设计（图 7-1a），3D 打印椎间融合器有利于骨融合的多孔结构，增强放射成像特性，是融合可视化的开放式设计。目前椎间融合器已成为 3D 打印技术在骨科植入物制造领域产业化推进速度最快的领域之一。

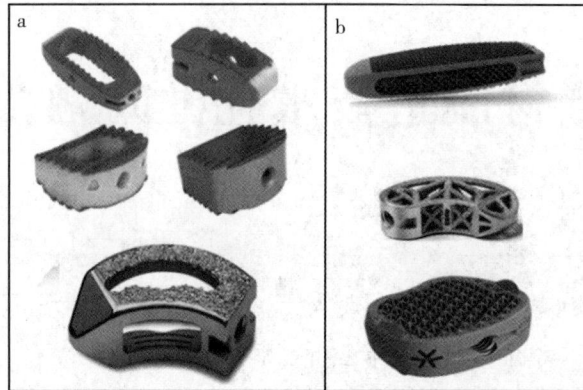

图 7 -1　传统椎间融合器（a）和 3D 打印椎间融合器（b）

第二节　3D 打印椎间融合器技术审评要点

本审评要点是对 3D 打印椎间融合器产品的一般要求，注册申请人应依据产品的具体特性确定其中内容是否适用，若不适用，需具体阐述理由及相应的科学依据，并依据产品的具体特性对医疗器械注册申报资料的内容进行充实和细化。

一、适用范围

本审评要点适用于 3D 打印椎间融合器产品注册，3D 打印椎间融合器产品通常采用 TC4 或 TC4 ELI 钛合金粉末激光或者电子束熔融等增材制造工艺制造。该产品不包括对特殊设计的产品如自稳定型、可撑开型、分体组合式等椎间融合器的要求，但适用部分可以参考本审评基本要求中相应的技术内容。

按现行《医疗器械分类目录》，该类产品分类编码为 13 - 03 - 04，管理类别为三类。

二、基本要求

3D 打印椎间融合器可参照《椎间融合器注册技术审查指导原则》《3D 打印人工椎体注册技术审查指导原则》等相关指导原则的要求提交研究资料。

三、风险管理

根据 GB/T 42062—2022《医疗器械　风险管理对医疗器械的应用》，充分识别 3D 打印椎间融合器产品的设计、原材料采购、增材制造生产加工过程、后处理、产品包装、灭菌、运输、贮存、使用等产品生命周期内各个环节的安全特征，从生物学危险（源），环境危险（源），有关植入过程的危险（源），由功能失效、疲劳所引起的危险（源）等方面，对产品进行全面的风险分析，并详述所采取的风险控制措施。

提供 3D 打印椎间融合器产品上市前对其风险管理活动进行全面评审所形成的风险管理报告，此报告旨在说明并承诺风险管理计划已被恰当地实施，并经过验证后判定综合剩余风险是可接受的，已有恰当的方法获得产品设计、制造、出厂后流通和临床应用的相关信息。

风险管理报告应包括风险分析、风险评价、风险控制等产品风险管理的相关资料，至少应包括产品安全特征清单、产品可预见的危害及危害分析清单（说明危害、可预见事件序列即危害成因分析）、危害处境和可能发生的损害之间的关系、风险评价、风险控制措施以及剩余风险评价汇总表。

四、产品研究

3D 打印椎间融合器研究资料需重点关注以下方面要求。

（一）产品的物理和化学性能

3D 打印椎间融合器的原材料质控要求、关于多孔部分最小结构单元、理化性能研究及缺陷控制、产品的金属离子析出研究可参考《3D 打印人工椎体注册技术审查指导原则》和《3D 打印髋臼杯产品注册技术审查指导原则》的要求提交研究资料。

（二）产品的机械性能

1. 动静态力学试验　建议按照 YY/T 0959—2014《脊柱植入物　椎间融合器力学性能试验方法》标准实施动静态力学性能试验，颈椎融合器提供包括压缩、剪切和扭转的动静态力学测试报告，胸腰椎融合器提供包括压缩、剪切的动静态力学测试报告。测试报告应包含测试样品信息、设备型号、工装材质、加载方式、椎间盘高度、实际试验图片、各个样品静态测试载荷－位移曲线和动态测试载荷－循环次数曲线、数据处理、样品失效模式等相应信息。应考虑不同型号规格融合器的植骨区尺寸（如适用）、侧开口窗尺寸（如适用）、倾角、长度、宽度和高度等因素，分别选取颈椎和胸腰椎融合器的最差情况进行上述试验，并提供选择依据。应分别提供颈椎和胸腰椎融合器产品的力学性能试验结果在临床应用中可接受的依据，对申报产品与同品种产品的力学性能差异，以及失效形式的差异，如多孔结构断裂形式、粉末析出等情况进行具体描述，需分析论证可接受性。

2. 静态轴向压缩沉陷试验　建议按照 YY/T 0960—2014《脊柱植入物　椎间融合器静态轴向压缩沉陷试验方法》规定的试验方法评价 3D 打印椎间融合器在静态轴向压缩载荷下的沉陷倾向。

3. 抗冲击性能　考虑到 3D 打印椎间融合器在打入椎体间隙时，敲击可能造成融合器多孔结构、多孔结构与实体结合处发生断裂失效，建议结合椎间融合器结构设计（多孔结构和实体结构）、持取器与融合器的机械配合设计、不同设计的植入椎间隙的阻力等因素，提供产品的抗冲击性能研究资料。

4. 防脱出性能　考虑到 3D 打印椎间融合器在植入初期未形成骨长入的情况下存在脱出的风险，建议结合椎间融合器表面防脱出结构设计，提供 3D 打印椎间融合器的防脱出性能研究资料。

（三）生物学特性研究

产品的生物相容性评价，需结合产品耐腐蚀性和金属离子析出行为研究，按照 GB/T 16886.1—2022《医疗器械生物学评价　第 1 部分：风险管理过程中的评价与试验》中的系统方法框图及《关于印发医疗器械生物学评价和审查指南的通知》（国食药监械〔2007〕345 号）中的审查要点进行风险评价，必要时根据 GB/T 16886 系列标准进行生物学试验。

（四）热原和细菌内毒素

考虑到 3D 打印椎间融合器多孔结构可能存在残留粉末和细菌尸体，需要针对热原和细菌内毒素进行验证。

（五）MRI 相容性测试

如申请人对申报产品进行了 MRI 相容性的相关验证，应根据研究报告，列出 MRI 试验设备、磁场强度、比吸收率（SAR）等试验参数及温升、位移力及伪影评估结果。如申请人未对申报产品进行 MRI

相容性的相关验证，应重点明确该产品尚未在磁共振（MRI）环境下对该产品的温升、移位状况及伪影进行测试评估。并在说明书的警示中注明相关内容，提示其存在的风险。

（六）清洗和灭菌研究

清洗工艺验证和灭菌工艺验证应根据产品特点选择最差情况，如清洗工艺验证中考虑材料残留，灭菌工艺验证中考虑表面积、孔隙率、孔径等影响微生物负载的因素。论证清洗验证方法的有效性，必要时应采用破坏性试验对其清洗方法进行验证。考虑到增材制造工艺的复杂性，其多孔结构的清洗工艺验证应由申请人完成。

（七）稳定性研究

3D 打印椎间融合器的有效期验证可参考《无源植入性医疗器械货架有效期注册申报资料指导原则》。

（八）动物试验

3D 打印椎间融合器产品多孔结构特征对骨长入效果的影响，关注植入后新骨形成、界面结合情况、骨长入深度、骨长入时间、局部组织反应的评价等。如无法通过与已上市产品的多孔结构特征进行等同性论证，通过动物试验证明该多孔结构对骨生长的效果。如需开展动物试验研究，需按照《医疗器械动物试验研究注册审查指导原则》（第一部分：决策原则和第二部分：试验设计、实施质量保证）进行，并遵循 3R 原则；需关注动物模型建立的科学性和合理性，以及对临床的借鉴意义。

五、临床研究

该产品目前尚不属于《医疗器械监督管理条例》中规定的免于进行临床评价的产品情形，申请人需按照《医疗器械临床评价技术指导原则》的要求选择合适的临床评价路径提交临床评价资料。临床评价可以根据产品特征、临床风险、已有临床数据等情形，通过开展临床试验，或者通过对同品种医疗器械临床文献资料、临床数据进行分析评价，证明医疗器械安全、有效。

（一）同品种医疗器械评价路径

详见《医疗器械临床评价技术指导原则》中通过同品种医疗器械临床试验或临床使用获得的数据进行分析评价的要求。

（二）临床试验评价路径

对于选择开展临床试验的情况，可参照《椎间融合器注册技术审查指导原则》《医疗器械临床评价技术指导原则》《医疗器械临床试验设计指导原则》等指导原则的相关内容，并提交完整的临床试验资料。

申请人如有境外临床试验数据，可参照《接受医疗器械境外临床试验数据技术指导原则》的要求提交相关临床试验资料。

六、说明书

产品说明书应符合《医疗器械说明书和标签管理规定》要求，还应符合相关国家标准、行业标准的要求，例如 YY/T 0466.1—2016《医疗器械　用于医疗器械标签、标记和提供信息的符号　第 1 部分：通用要求》。

七、其他

3D 打印椎间融合器产品生产制造相关要求可参考《3D 打印人工椎体注册技术审查指导原则》和《3D 打印髋臼杯产品注册技术审查指导原则》的要求提交研究资料。详述 3D 打印椎间融合器产品的生产过程，提供生产工艺流程图。对增材制造医疗器械的生产和验证过程，如设计软件、打印设备、打印工艺、后处理工艺、清洗工艺等方面进行控制。

第三节　3D 打印人工椎体注册技术审查指导原则

本指导原则旨在帮助和指导注册申请人对 3D 打印人工椎体产品注册申报资料进行准备，以满足技术审评的基本要求。同时有助于审评机构对该类产品进行科学规范的审评，提高审评工作的质量和效率。

本指导原则系对 3D 打印人工椎体注册申报资料的一般要求，注册申请人/生产企业应依据具体产品的特性对注册申报资料的内容进行充实和细化，并依据具体产品的特性确定其中的具体内容是否适用，若不适用，需具体阐述其理由及相应的科学依据。

本指导原则是对注册申请人/生产企业和审查人员的指导性文件，但不包括注册审批所涉及的行政事项，亦不作为法规强制执行，如果有能够满足相关法规要求的其他方法，也可以采用，但是需要提供详细的研究资料和验证资料。应在遵循相关法规和标准的前提下使用本指导原则。

本指导原则是在现行法规和标准体系以及当前认知水平下制定的，随着法规和标准的不断完善，以及科学技术的不断发展，本指导原则相关内容也将进行适时的调整。

一、适用范围

本指导原则适用于因椎体病变或者损伤进行椎体切除后，以与其上下方正常椎体行融合固定为目的的 3D 打印钛合金人工椎体产品。

本指导原则包含的产品为采用激光或者电子束熔融等 3D 打印增材制造手段生产的，配合脊柱内固定系统使用的，并采用植骨填充的，标准化规格的 TC4、TC4 ELI 钛合金人工椎体产品。

本指导原则不适用于定制式、主体为减材制造的产品，不适用于可撑开型、自稳型、动态或者非融合的人工椎体产品。

对于本指导原则不包含的 3D 打印人工椎体，可根据产品的具体设计原理、结构特征、生物力学特性及临床使用要求，参考本指导原则中的相关内容。

二、注册申报资料要求

注册申报资料按照《关于公布医疗器械注册申报资料要求和批准证明文件格式的公告》（国家药品监督管理局公告 2021 年第 121 号）、《医疗器械注册申请电子提交技术指南（试行）》（国家药品监督管理局公告 2019 年第 29 号）进行提供，应包括但不限于以下几方面内容。

（一）综述资料

1. 注册单元　该类产品一般由激光或者电子束熔融等技术进行制备，不同的增材制造方式、不同性能的原材料粉末，应划分为不同的注册单元。

2. 产品描述　应包括申报产品名称、管理类别、分类编码、制备工艺、产品原材料、预期用途、技术性能指标及其制定依据。应提供详细的产品结构图和关键几何尺寸参数，例如终板接触面的弧度、主体部位的长宽高度、植骨窗尺寸等，并提供其设计依据。

3. 规格型号　对于存在多种型号规格的产品，提供产品的规格型号的划分依据，建议根据人体脊柱节段的生理解剖结构、临床实际需求和手术入路方式，进行科学的归并和分档，体现出不同几何参数与脊柱节段的匹配性。

4. 产品包装　明确产品的包装规格、包装材料、灭菌方式和有效期限。

5. 参考的同类产品或前代产品　注册申请人应综述该类产品国内外研究、临床使用现状及发展趋势。应提供国内外已上市同类产品或前代产品的信息，阐述申请注册产品的研发背景和目的，并与申报产品作用原理、结构组成、制造工艺、原材料、性能指标、适用范围等情况对比。

6. 产品适用范围和禁忌证　提供产品适用范围（包括节段）、预期使用环境、预期与其配合使用的器械、使用方法、手术方式、适用人群及禁忌证信息。

（二）研究资料

产品的研究资料应当从技术层面论述所申报产品的设计依据、技术特征、原材料选择及控制、生产工艺控制及验证、产品性能指标及制定依据、生物相容性验证、产品包装验证、产品灭菌验证、产品有效期验证等，应当包括但不限于产品技术要求中的相关性能指标，应涵盖有效性、安全性指标以及与质量控制相关指标的确定依据、所采用的标准（方法）以及采用的理由等。至少应包含但不局限于如下内容。

1. 原材料控制　对于钛合金粉末材料应该提供详细的材质单，包括粉末成分、粒度、粒径分布、球形度、松装密度、振实密度、流动性等，并应明确其所符合的标准。若原材料外购，需明确原材料供应商并附其资质证明文件、供销关系证明文件（供销协议）、质量标准及验证报告。注册申请人应对粉末可回收次数、新旧粉末混合比例（如适用）等进行规定，并提供其对打印过程和产品性能影响的验证资料。

2. 产品成分和显微组织要求　明确3D打印的终产品化学成分以及所符合的相关标准。明确显微组织与打印方向、打印位置、新旧粉末比例等之间的关系。

3. 产品微观结构和缺陷　应提供产品打印最小单元格的选择设定依据，提供孔隙率、孔径、丝径、内部连通性、多孔结构的厚度、孔隙梯度的选择确定依据，包含对力学性能的影响、对骨生成的作用。对内部多孔结构的丝径断裂、闭孔等缺陷以及实体结构的分层、气孔等应采用合适的手段进行检测，并制定可接受的指标和提供相关依据。

4. 产品力学性能研究

（1）标准试验　可参考标准 YY/T 0959、YY/T 0960 等相关标准进行人工椎体动静态压缩试验、压缩剪切、扭转试验、沉陷试验。除此之外，还应该考虑人工椎体脱出、植入过程中的抗冲击性等试验，详述所有性能指标及检验方法的确定依据，提供采用的原因及理论基础，提供涉及的研究性资料、文献资料和（或）标准文本，并提供结果的临床可接受依据。

（2）生物台架试验（可考虑）　可以采用人尸体脊柱进行体外生物力学试验，以确认申报产品的预期性能。选择的人尸体应能代表该产品的适用范围/适应证、临床使用中预期的解剖部位、生理学、生物力学和体内载荷、与内固定器械配合使用、手术入路等方面，并提供选择的依据。

（3）生物力学模型测试（可考虑）　注册申请人可以采用脊柱生物力学模型对产品进行力学性能验证，并提供模型参数选择的依据。该生物力学测试目的主要是正确模拟人体脊柱运动的规律性能及脊柱力学性质的变化，载荷及力学重心的确定。

（4）最差情况选择　应根据产品适用部位选择不同试验类型中最薄弱、最易失效（包括服役期和植入过程中容易失效的）的型号规格进行。可以采用有限元模拟等方法进行选择，应考虑到实际临床使用中内固定器械、相邻椎体作用力及在体的骨整合过程对弹性模量、应力分布等有限元分析模型参数的影响，需提供有限元模型准确性的验证资料。对 3D 打印的产品应该明确产品打印方向，并根据各向异性规定材料的力学参数，可采用同工艺制备的样品块进行不同方向的力学性能研究。

力学测试报告中应包含与已上市同品种产品数据的详细对比论证（对比测试或与既有试验数据对比），结合所植入节段的力学特点和周围的辅助保护措施，以明确测试结果可接受性的判定依据。对于有针对性的国内外行业标准或学术团体官方共识中的指标也可以接受。

5. 腐蚀性能研究　增材制造过程中，粉体经逐层堆叠、高能束加热、快速凝固等过程，如工艺参数及后处理不当，产品较塑形加工材存在组织不均匀性及残余应力等不利因素，同时多孔结构导致产品比表面积增大，可能引起产品的耐蚀性下降，导致析出的合金元素离子浓度增高。建议针对腐蚀性能包括离子析出进行研究，试验报告应包含详细的试验方法、试验介质、温度等，并对其可接受性进行论证。应注意选择最差情况，如比表面积最大、孔隙率最高、打印方向、位置、新旧粉末混合导致的腐蚀差异性等。

6. 生物相容性评价　由于新工艺和多孔导致的较大的比表面积，且打印过程中粉末成分的改变，可能引入新的生物学风险，注册申请人需要对 3D 打印人工椎体产品的生物相容性进行评价。建议根据 GB/T 16886 系列标准结合产品的耐腐蚀性、离子析出对产品的生物相容性进行评价，在缺乏相关数据时，应进行必要的生物相容性试验。

7. 热原和细菌内毒素　考虑 3D 打印工艺中多孔结构可能涉及粉末的脱落以及细菌尸体的残留，需要针对热原和细菌内毒素进行验证。

8. MRI 相容性测试　如注册申请人对申报产品进行了 MRI 相容性的相关验证，应根据研究报告，列出 MRI 试验设备、磁场强度、比吸收率（SAR）等试验参数及温升、位移力及伪影评估结果。如注册申请人未对申报产品进行 MRI 相容性的相关验证，应重点明确该产品尚未在磁共振（MRI）环境下对该产品的温升、移位状况及伪影进行测试评估。并在说明书的警示中注明相关内容，提示其存在的风险。

9. 灭菌工艺研究　产品需经最终灭菌，明确灭菌工艺（方法和参数）和无菌保证水平（SAL），SAL 需达到 10^{-6}，提供灭菌确认报告。应考虑产品的高孔隙率和比表面积对生物负载的影响。如灭菌使用的方法容易出现残留，需明确残留物信息及采取的处理方法，并提供研究资料。

10. 产品有效期和包装研究　按照《无源植入性医疗器械货架有效期注册申报资料指导原则（2017年修订版）》（国家食品药品监督管理总局通告 2017 年第 75 号）提供产品有效期的验证报告，不同包装的产品需分别提供验证资料。若注册申请人提供其他医疗器械产品的货架有效期验证资料，则应提供其与本次申报产品在原材料、灭菌方法、灭菌剂量、包装材料、包装工艺、包装方式及其他影响阻菌性能的因素方面具有等同性的证明资料。

11. 动物实验　参照《医疗器械动物实验研究技术审查指导原则　第一部分：决策原则》（2021年修订版）（国家药品监督管理局通告 2019 年第 18 号），如无法通过与已上市产品的多孔结构特征进行等同性论证，应针对 3D 打印人工椎体产品独特多孔结构进行动物实验，建立与拟申报产品预期用途相对应的解剖部位的动物模型进行验证，以分析申报产品对新骨形成、骨长入深度以及新生骨生物力学性能指标（例如动物实验结束后取出融合部位进行体外生物力学试验评价其结合强度、活动度以及压缩刚度等）等的影响，同时评价离子析出对周围组织的影响。可通过对骨长入的时间和结合力进行衡量，确定临床试验中预期骨长入的时间和结合力，以更好地确定临床试验观测时间。动物实验应在获得实验动物使用许可证的机构进行，并获得相应福利伦理审查和监管。

（三）生产制造信息

详述产品的生产过程，提供生产工艺流程图。明确特殊过程和关键工艺，并阐明其过程控制点及控制参数。对生产工艺的可控性、稳定性应进行确认。

1. 打印工艺验证　明确 3D 打印舱室环境以及材料成型关键参数，并对所选的工艺参数、产品打印方向、位置、支撑结构等进行验证，保证产品性能的一致性。

2. 后处理方法验证　明确产品 3D 打印的后处理方式，如热等静压、去支撑、残余粉末清洗等，并应评估后处理工艺对材料和终产品的安全、有效性的影响。可采用相同工艺参数制备的样块进行验证。

3. 清洗工艺验证　明确原材料及生产工艺中涉及的各种加工助剂的质量控制标准。明确产品的清洗过程，提供经清洗过程后加工助剂残留控制的验证资料。

4. 研制、生产场地　应概述研制、生产场地的实际情况。如有多个研制、生产场地，应对每个研制、生产场地的实际情况进行概述。

（四）产品的风险分析资料

根据 GB/T 16886 充分识别 3D 打印人工椎体在设计、原材料、生产加工、包装、灭菌、运输、贮存、使用等生命周期内各个环节的安全特征，从生物学危害，环境危害，有关使用的危害，因功能失效、老化及存储不当引起的危害等方面，对产品进行全面的风险分析，并详述所采取的风险控制措施。

提供产品上市前对其风险管理活动进行全面评审所形成的风险管理报告，此报告旨在说明并承诺风险管理计划已被适当地实施，综合剩余风险是可接受的，已有恰当的方法获得产品相关、出厂后流通和临床应用的信息。

风险管理报告应包括风险分析、风险评价、风险控制等产品风险管理的相关资料，至少应包括产品安全特征清单、产品可预见的危害及危害分析清单［说明危害、可预见事件序列（即危害成因分析）］、危害处境和可能发生的损害之间的关系、风险评价、风险控制措施以及剩余风险评价汇总表。

（五）产品的技术要求

产品技术要求应按照《医疗器械产品技术要求编写指导原则》（国家药品监督管理局通告 2022 年第 8 号）进行编写。注册申请人应结合产品的技术特征和临床使用情况来确定产品安全有效、质量可控的技术要求与检验方法。产品技术要求中应明确规格型号及其划分的说明、产品性能指标及试验方法、产品描述一般信息（原材料、组成结构等）、产品灭菌方式及货架有效期。产品技术要求中的内容引用国家标准、行业标准或中国药典的，应保证其有效性，并注明相应标准的编号、年号及中国药典的版本号。

具体指标包括但不限于以下内容。

（1）产品名称。

（2）产品型号/规格及划分说明。

（3）性能指数

1）化学成分和显微组织：明确人工椎体产品的化学成分。明确 3D 打印人工椎体的显微组织特征，需明确打印方向和热处理与显微组织的关系。

2）微观结构：明确 3D 打印的孔径、丝径、孔隙率、通孔率、多孔层厚度等。

3）表面质量：多孔部分表面应无氧化皮，也应无镶嵌物、终加工沉积物和其他污染物。多孔层不得有断丝现象，端面除外。

4）内部缺陷：应对内部结构的缺陷如丝径断裂、闭孔等进行检测，并制定可接受依据。

5）力学性能：应规定产品的硬度、刚度、静态扭转、压缩、剪切、沉陷、脱出等力学性能指标。

6）应无菌（如适用）。

7）细菌内毒素。

（4）检验方法　可参考 YY/T 0959—2014 等相关标准。

对宣称的所有其他技术参数和功能，均应在产品技术要求中予以规定。

（5）附录　关键部件信息及关键检测方法等。

（六）产品的注册检验报告

注册申请人应提供具有医疗器械检验资质的医疗器械检验机构出具的检验报告和预评价意见。此外，还应提供检验样品规格型号的选择依据。

所检验型号产品应当是本注册单元内能够代表申报的其他型号产品安全性和有效性的典型产品。

（七）临床评价

按照《医疗器械临床评价技术指导原则》（国家药品监督管理局通告 2021 年第 73 号）、《接受医疗器械境外临床试验数据技术指导原则》（原国家食品药品监督管理总局通告 2018 年第 13 号）以及《脊柱植入物临床评价质量控制注册技术审查指导原则》（国家药品监督管理局通告 2020 年第 31 号）提交临床评价资料。涉及的临床评价应纳入所申请适用范围的各部位，如颈胸椎、胸腰椎等。对与非临床试验以及与同品种对比中存在疑问的，需要进行临床试验进行验证，临床观察时间不少于 6 个月，应至少包括以下内容：对人工椎体植入后患者的疼痛及功能的评估，对椎体融合率、整体曲度、融合段曲度、椎体高度等影像学的测评，以及产品脱出、沉陷、断裂等不良事件的详细分析记录。

（八）产品说明书和标签

产品说明书和标签应符合《医疗器械说明书和标签管理规定》（国家食品药品监督管理总局令第 6 号）的要求。

产品临床适用范围/适应证、禁忌证、注意事项应与临床试验和临床评价所验证的范围一致。

产品有效期、采用的灭菌方法、推荐采用的灭菌方法等信息应与产品技术报告所述一致。

第四节　椎间融合器注册技术审查指导原则

一、适用范围

本指导原则涵盖的产品系植入于椎间隙并联合脊柱内固定植入物使用的预定形的非可降解椎间融合器。椎体切除术（次全切及全切）中的椎体替代植入物和特殊设计的产品，如自稳定型、自撑开型、分体组合式、可吸收型等椎间融合器，可以参考本文的技术分析原理来制定适用的具体性能要求、试验方法、临床试验资料和使用说明书等相关注册资料。

二、技术审查要点

（一）注册单元的划分

椎间融合器临床预期用途较为统一，颈椎、胸腰椎产品可作为同一注册单元，不考虑微创、开放、前路、后路等脊柱减压手术术式区别。椎间融合器产品组件可包括主体、端盖（若有）、组件紧固螺钉（若有，不包括发挥脊柱内固定作用的椎弓根或椎体钉）等，各组件相互配套地使用于临床，且不同尺寸规格间配合关系较确定，故单一组件一般不作为独立注册单元进行申报。

（二）产品的研究资料

1. 产品的基本信息

（1）产品各型号规格、各组件、各关键部位的结构图和几何尺寸参数（包括允差）。例如终板接触面的弧度、倾角及咬合齿的高度，植骨区、涂层和显影区的边界及在融合器中位置，主体的长宽高度，端盖及紧固螺钉的直径，网孔结构的几何尺寸等。结构图应以产品 CAD 设计工程图为蓝本，从整体外观、各维度剖面及侧面、局部细节明确产品的设计特征。带多孔涂层的产品应运用 ASTM F1854 中的体视法明确其涂层厚度、孔隙率、平均截距。

（2）产品各组件及涂层的材料牌号及材料所符合的国家标准、行业标准、国际标准，材料牌号的描述应与其符合的标准一致。进口产品的材料牌号及符合标准同时不应超过原产国上市证明文件/说明书所批准/载明的范围。通常所涉及的材料相关标准包括但不限于：

GB/T 13810 外科植入物用钛及钛合金加工材

GB 23101.2 外科植入物羟基磷灰　石第 2 部分：羟基磷灰石涂层

YY/T 0660 外科植入物用聚醚醚酮（PEEK）聚合物的标准规范

YY/T 0966 外科植入物　金属材料　纯钽

ASTM F 1609 可植入物材料用磷酸钙涂层的标准规范

ASTM F 1580 外科植入物涂层　钛及钛 6 铝 4 钒合金粉末

（3）各型号产品的具体适用部位。即各型号所对应的具体椎间隙节段，体现不同型号几何参数与不同节段椎体终板形状大小及椎间隙高度的匹配性。

2. 各型号规格的划分原则　一般情况下除尺寸大小差异之外，外形相近的一系列产品归类为同一型号。外形的设计除与所使用节段的椎间隙几何特征相关外，还可能与植入融合器的手术入路相关。

3. 产品基体的力学性能研究资料　椎间融合器的力学性能对比测试方法较为统一，主要是按照 YY/T 0959 及 YY/T 0960 进行动静态力学测试，并按照两项行标出具详细的测试报告。以下为申报资料中需重点注意的部分内容。

按照 YY/T 0959 进行的动静态测试中，受测样本的放置方式（例如单件斜置式）及与力加载轴的相对位置应模仿临床植入后产品与椎体的相对位置。静态力学测试中，样品量应不小于 5 件，载荷 - 位移曲线的参数应至少包括屈服位移、屈服载荷/扭矩、刚度、最大位移、最大载荷/扭矩的平均值和标准差；动态力学测试除了在生理盐水环境中测试并与常温空气中的测试进行对比，还应考虑模拟体液环境对测试的影响，尤其可能面临较大体液腐蚀和体内磨损的设计，如多孔疏松等比表面积较大的产品及多组件式产品，多组件式包括自稳定型融合器还应考虑组件间微动腐蚀的影响。最大载荷 - 循环次数失效趋势图中，数据组应不小于 6 组，最大疲劳载荷精度应小于静态最大载荷或扭矩的 10%，使用回归分析方法应能建立载荷/扭矩与失效循环次数的关系，此关系曲线应为半对数曲线。轴向压缩、压缩剪切和扭转三种疲劳试验的初始失效和二次失效中的失效模式及组件形变情况均应记录，应明确失效（磨损、裂纹源及裂纹扩展情况）、失效区定位、组件结构的松弛及失效时的试验环境参数。从产品本质来讲，与失效有关的因素一般包括材料（例如不同刚度材料的组合）、载荷及其频率（例如颈椎扭转和腰椎压缩）、内部应力分布（例如应力集中区）、使用环境（例如腐蚀程度）、产品表面处理工艺及质量（例如喷砂后的残余应力及微裂纹源）等。在选择最典型型号规格进行所申报产品代表性的力学测试时，例如所申报型号规格中最差情况的选择，应注意从以上方面进行分析论证，包括烧结、增材制造、气相沉积等工艺制成的多孔疏松结构的产品。具有合理边界条件设置的有限元分析可能会帮助分析，对分析结果的论证中应考虑到实际临床使用中内固定器械、相邻椎体作用力及在体的骨整合过程（包括骨长入及骨长上）对弹性模量、应力分布等有限元分析模型参数的影响。

按照 YY/T0960 进行的试验中，应注意金属块及聚氨酯泡沫块条件下的载荷－位移曲线均应记录，应记录不少于 5 个融合器试验配置的失效模式、形变信息和相关数据。相关数据应包括屈服载荷的平均值和标准差、三项刚度数值——融合器刚度 Kd、系统刚度 Ks、聚氨酯泡沫块 Kp。尤其 Kp 值对于评价融合器可能引起的椎体沉降较为关键。同样应注意论证所测试样品是能代表所申报产品的最典型型号规格。具有合理边界条件设置的有限元分析可能会帮助分析，对分析结果的论证中应考虑到实际临床使用中内固定器械、相邻椎体作用力及在体的骨整合过程（包括骨长入及骨长上）对弹性模量、应力分布等有限元分析模型参数的影响。

力学测试报告中应包含与已上市同品种产品数据的详细对比论证（对比测试或与既有实验数据对比），结合所植入节段的力学特点和周围的辅助保护措施，以明确测试结果可接受限（如疲劳极限、极限载荷、屈服载荷等）的判定依据。

4. 产品涂层力学测试研究资料　对于有涂层的产品，应按照 ASTM F1044、F1147、F1160 分别进行剪切试验、拉伸试验、剪切和弯曲剥脱疲劳试验。一般情况下，剪切强度应不低于 20MPa，拉伸强度应不低于 22MPa，疲劳试验应经历 107 正应力循环或持续到样件失效。剪切和拉伸试验报告中应注意包括最大、最小和平均失效载荷值，明确试样失效在涂层内部还是涂层与基体间还是两者均有；疲劳试验报告中除以上信息，还应注意包括 R 比（最小应力/最大应力）、试验频率、失效循环数、剪切疲劳试样尺寸、弯曲疲劳试验基准试样的基体表面粗糙度、涂层断裂位置。对于热喷涂于金属表面的金属涂层，还应注意按照 ASTM F1978 进行耐磨性能试验，明确 2、5、10 及 100 次循环累计质量损失的平均值及标准偏差，及研究过程中的磨损、掉色、脱落、腐蚀等发现。100 个循环周期后，涂层质量损耗总值应小于 65mg。

5. 产品生产工艺和过程控制

（1）详述产品的生产过程，提供生产工艺流程图。

（2）明确特殊过程和关键工艺，提供特殊过程的确认资料以及关键工艺的验证资料。例如表面涂层工艺过程中各类加工助剂的添加、去除和残留控制，包括闭孔中造孔剂。产品加工过程的常见助剂有切削液、冷却液、润滑剂、造孔剂、黏接剂、抛光剂、多孔支架材料、清洁剂等。对于有阳极氧化表面处理的钛及钛合金材质产品，尤其微弧阳极氧化，应明确氧化层引入的与基体材料不一致的新元素的质控措施，并通过适当的表面元素分析方法（如半定量定性分析）来评估该工艺的稳定性。

6. 灭菌确认　对于经辐照灭菌的产品，应明确辐照剂量并参考 GB 18280、GB/T 19973 等相关标准提供灭菌参数确定依据，至少包括初始平均生物负荷、VD$_{max}$ 剂量验证及最低剂量灭菌后无菌检测报告，完整的辐射灭菌确认报告还应包括产品及包装材料的选择、产品装载模式的确定、产品剂量分布图及确认过程中所负载的有抗力的微生物孢子信息；对于经环氧乙烷灭菌的产品，除依据 GB 18279、GB 18281.2 等相关标准提供关键参数的确定依据如预处理、处理、灭菌和通风 4 个过程中的温度、湿度、气体压力、EO 浓度、灭菌作用时间等，完整的确认报告还应包括被灭菌品摆放方式与分隔形式、换气速度与气体压力、灭菌剂质量及体积、存活曲线法或部分阴性法鉴定的生物学性能等内容，此外还应提供终产品环氧乙烷残留量的质控验证数据；过氧化氢等离子体、气态过氧化氢等灭菌方法同样应提供关键灭菌参数的验证和确定依据包括灭菌时间、相对湿度、气体浓度、灭菌容积、生物指示剂灭菌动力学曲线、灭菌温度等。具有多孔结构和较大比表面积的产品，尤其应论证或验证灭菌工艺参数能够确保其无菌保证水平。

7. 无菌有效期验证 对于非灭菌产品，应明确推荐最终使用者采用的灭菌方法并提供验证资料。灭菌产品应参照《无源植入性医疗器械货架寿命申报资料指导原则》提供产品货架寿命尤其无菌效期的验证资料。鉴于本指导原则涵盖的产品为惰性材料产品，仅要求对其中包装系统的性能稳定性（至少包括包装完整性和包装强度）进行验证。对于不同包装、不同灭菌方式的产品应分别提供无菌效期验证资料。

8. 生物相容性评价 椎间融合器的生物相容性评价应按照 GB/T 16886.1 中的系统方法框图及原国家食品药品监督管理局《关于印发医疗器械生物学评价和审查指南的通知》（国食药监械〔2007〕345号）中的审查要点进行生物学风险评价，在缺乏相关数据时，补充进行必要的生物相容性测试。

（三）产品的风险管理资料

根据 YY/T 0316《医疗器械风险管理对医疗器械的应用》，充分识别椎间融合器的设计、原材料、生产加工、包装、灭菌、运输、贮存、使用等生命周期内各个环节的安全特征，从能量危害（若涉及）、生物学危害、环境危害、有关使用的危害、因功能失效、老化及存储不当引起的危害等方面，对产品进行全面的风险分析，并详述所采取的风险控制措施及验证结果，必要时应引用检测和评价性报告。对于多孔结构的产品，应考虑金属离子释放对人体的危害及剩余风险。对于有阳极氧化处理的钛及钛合金材质产品，应通过适当的生物学试验方法（至少包括细胞毒性测试）进行生物学危害的风险分析。

提供产品上市前对其风险管理活动进行全面评审所形成的风险管理报告，此报告旨在说明并承诺风险管理计划已被适当地实施，并经过验证后判定综合剩余风险是可接受的，已有恰当的方法获得产品相关、出厂后流通和临床应用的信息。

风险管理报告应包括风险分析、风险评价、风险控制等产品风险管理的相关资料，至少应包括产品安全特征清单、产品可预见的危害及危害分析清单［说明危害、可预见事件序列（即危害成因分析）］、危害处境和可能发生的损害之间的关系、风险评价、风险控制措施以及剩余风险评价汇总表。

（四）产品技术要求

应按照医疗器械产品技术要求编写指导原则进行编写。

对同一注册单元中存在多种型号和（或）规格的产品，应明确各型号及各规格之间的所有区别，并附相应图示及数据表格对逐型号规格进行说明。

性能指标及检验方法的确定是技术要求的主要内容。性能指标的制定应参考相关国家标准/行业标准并结合具体产品的设计特性、预期用途和质量控制水平，且性能指标不应低于产品适用的强制性国家标准/行业标准，检验方法应优先考虑采用公认的或已颁布的标准检验方法，包括推荐性标准。若需要修改公认的标准检验方法以匹配产品的设计特点或具体使用方式，例如特殊工装及测试样品的制备方法，应在支持性资料中详细论证检验方法及测试结果可接受限的合理性。若原材料的化学成分、显微组织等技术要求经加工后仍适用于终产品，则可以列入性能指标。除非原材料的力学性能与成品的力学性能要求一致，否则产品技术要求中力学性能指标应针对终产品而不包括针对原材料的内容。建议椎间融合器的性能指标内容至少包括成品及涂层的静态力学性能测试，并且应与前述产品技术研究资料中相关内容一致。

（五）产品注册检验

注册检测的送检样品应符合抽样原则，在所有申报型号规格中具有代表性，包括力学性能方面的典型性，如 YY/T 0959 及 YY/T 0960 中颈椎、胸腰椎产品测试时位移偏移量、试验块高度、椎间盘高度等参数均有不同，颈、胸腰椎产品应分别选择典型型号进行力学性能的注册检测，应考虑产品（包括涂层）的力学性能最差情况。其他理化特性的典型性应考虑加工工艺与组件结构的复杂性。

（六）产品的临床评价

椎间融合器应按照《医疗器械临床评价技术指导原则》（以下简称《临床评价导则》）进行同品种产品的临床数据对比、分析、评价，并按照《临床评价导则》要求的项目和格式出具评价报告。按照《临床评价导则》附件 4 列明的分析评价路径，应首先选择通过所申报产品的非临床的实验室研究数据、所申报产品自身的临床历史数据（文献/经验/试验）进行评价，尤其对于仿制型和改进型产品的临床评价更有意义。事实上，同品种产品的筛选是在临床评价（包括非临床实验室研究数据的比对）过程中才逐步明确的，而不是完整临床评价之前能事先精确判定的。通过临床评价，最终所对比的同品种椎间融合器，相互之间存在一定的差异范围，却表现出实质相同的临床安全性及有效性，这就佐证了所申报产品在此差异范围内的设计变化带来的临床风险是可控的，安全有效性是可接受的。

（七）产品的临床试验

按照《临床评价导则》附件 4 的评价路径图，在与同品种的椎间融合器产品对比的临床评价之后或之前，都可能在中国境内进行所申报融合器的临床试验。前者是针对所申报产品与同品种产品对比出的差异性进行设计（包括评价指标的精细化）的临床试验，作为评价资料中自身临床数据的一部分，以证明差异之处不影响所申报融合器的安全有效；如果在通过本指导原则（六）部分中所述的针对临床历史数据的评价工作后，仍留有安全性/有效性盲点，且这些信息盲点必须开展新的临床试验、产生新的临床数据后方能完成风险评价，此时应当设计完成后者所述的临床试验，这可能是对既有的、针对差异性进行的临床试验的进一步研究（例如增加样本量或随访信息补充或挖掘），也可能针对所申报融合器进行了全新设计（如改变可降解产品主要评价指标为全身长期安全性指标而非常规的融合有效性指标），但绝不可能是对非临床实验室研究的替代，因为绝大部分风险控制通过非临床实验室数据能够更精确更有针对性地完成。这里要注意在所有科学合理的临床试验方案的建立之前，对已上市同品种产品的临床文献/经验/试验数据的评价是临床试验前工作的重要环节，应符合相应数据搜集和分析的科学方法并关注相应审评要点，即使申请人选择直接针对融合器整体进行临床试验（而非针对与同品种的差异性）来完成所申报产品的临床评价工作。产品的临床评价中的关注点同样适用于良好的临床试验，因为临床试验是临床评价数据的重要来源，而对临床历史数据的良好评价是高质量临床试验的基础。

1. 临床试验设计类型　申请人针对所申报产品进行的临床试验是临床研究类型中的纵向研究，但并非仅仅指随机平行对照的实验性研究，基于与产品设计表征相关的临床先验信息的分析，其他具有对照组的临床试验类型也应当考虑，从法规层面来讲，这些试验类型往往能体现出相应的伦理学及减轻试验负担等研究价值。例如历史对照试验（如目标值法等非同期历史对照）、部分随机试验（如试验组随机而对照组不随机等）、回顾性病例–对照研究等，即使是平行分组对照试验，也不应局限于传统的配对平行设计，还应考虑试验组与对照组不等量分配的平行分组设计等研究类型。不同类型临床试验（临床研究）的数据质量及证据级别水平请参见相关教科书的阐述。虽然更先进的统计学原理能够帮助医疗器械的临床试验更加符合伦理且科学严谨地减少样本量或缩短临床试验时间，但需要强调的是所遵循的统计学原则及运用的统计计算方法应与不同试验设计类型相适应，以控制由于对随机性和盲态的破坏而造成的系统性偏倚。例如，贝叶斯分层模型基于前代及同类产品的先验信息与参数后验分布，在运用其原理进行适应性设计时，应严密注意引入的操作误差，包括选择偏倚、评价方法偏倚、治疗修订偏倚、治疗效应相应的可信区间错误、资料收集偏倚、患者纳入标准与分组变化、假设与统计矛盾等，对采取的应对措施应在方案中有相应的详细描述和论证，包括揭盲程序、独立数据管理委员会、独立的中心实验室、独立终点评价、对后验概率和预测分布的中期分析计划、所应用统计软件参数的设定等。不过，经典的 RCT 试验的样本量计算和随访时点的设定及最终统计计算都比其他试验类型更简单，混杂因素控制得也最好，因而在技术审评中更容易得出结论。

统计学类型方面，具有对照组的试验常见的检验类型有非劣效、等效及优效。非劣效检验最为常用，但仍然需根据申报产品在主要评价指标方面预期所具有及宣称的有效性及安全性进行合理选择，否则一味地减少样本量或减轻时间等试验成本，将可能出现试验结果与方案设定的假设检验及参数不一致，引发进一步临床试验，例如方案中非劣效界值设定较大但两组试验结果均为 100%，甚至试验组大大优于对照组，将可能挑战试验对假阳性的控制，或者挑战方案设定依据与试验执行之间的一致性，至少需要运用精确概率法对组间差异的点估计及可信区间做出计算，并严格考察实验设计的灵敏度。事实上如果在非劣效界值的论证中严格秉持高质量文献数据分析的原则，并确保与试验执行内容的一致性，则可确保假设检验的合理前提。

以下内容以经典频率学派的平行对照试验类型为例。

2. 临床评价指标 评价指标（观察终点）应从安全性与有效性两方面设定，有效性指标分主要评价指标与次要评价指标。

（1）主要评价指标 椎间融合器临床试验应以影像学终点为主要评价指标，观察椎间隙融合和融合器稳定性，即通过 X 线和 CT 三维重建来静态观察终板之间的骨小梁衔接，X 线动力位观察包括椎间平移运动与屈伸角度变化，以构成联合指标。该联合指标对椎间融合的判定标准一般是分级式评价标准，按优良中可差分为若干等级。骨融合的静态影像学评定标准众多，临床试验方案中应明确表述。例如经典的 Brantigan 和 Steffee 提出的评定标准（表 7-1）。需要注意的是，在该标准中须将第 4、5 级别合并统计出病例组的融合率，方为临床试验中通常使用的病例组的"优良率"或"有效率"所指的静态影像学信息。

表 7-1 Brantigan 和 Steffee 提出的融合结果影像学分级（和描述）

融合分级	描述
1. 明显的影像学假关节	结构塌陷，椎间盘高度丢失，脊椎滑脱，螺钉断裂，融合器移位，或骨移植物的吸收
2. 可能的影像学假关节	骨移植物的显著吸收，或者融合区可见大的透亮带或空隙
3. 影像学状态不确定	融合区可见骨移植物，大致处于手术时所达到的密度。可见小的透亮带或空隙，包括部分融合区，至少移植区的一半显示在移植骨和椎体骨之间没有透亮带
4. 可能的影像学融合	骨组织桥接整个融合区，至少处于术中达到的密度。移植骨和椎体骨之间无透亮带
5. 影像学融合	融合区的骨从影像学来看较术中达到的状态有更高密度和成熟度。虽然理想状况下移植骨和椎体骨之间没有分界面，然而移植骨和椎体骨之间的硬化线提示着融合。其他实性融合的指征包括成熟的骨小梁桥接融合区，前方牵引性骨刺的吸收，骨移植物在椎间隙前方的生长，小关节融合，CT 或 3D 影像重建中的"环形"现象

鉴于联合终点考虑静态融合度、椎间活动度等多个终点，应注意根据高质量权威文献制定联合量表，以确保最终设定的病患评定标准（治疗有效率的优良等级划分）的信度、效度、灵敏度、统一性。

值得注意的是，若临床试验方案设定的随访终点时辅助的内固定器械仍未取出，则椎间平移运动应为 0mm，屈伸角度变化 <2°，此类临床试验时颈椎与胸腰椎病患可以入组于同一临床试验，但对产品的应用会产生较大的约束（详见后述"脊椎节段比例"部分的分析）。

影像学终点为主要评价指标的临床试验，通常会考虑使用独立的中央影像学评价中心，以此来减小评价中的偏倚。

（2）次要评价指标　脊柱功能评分与围手术期处理、术中操作及术后康复训练等临床治疗的综合因素相关，其评价内容并非针对所申报融合器与同品种已上市产品的差异之处，亦非单纯针对融合器应发挥的作用，混杂因素较多，故而应作为次要评价指标。当然，若临床前研究所确定的风险盲点无法仅通过单纯的椎间融合状况来评价，就可能考虑将综合的疗效评价量表纳入主要评价指标的联合终点中。例如某些新材料融合器，若必须通过融合节段附近及全身的免疫反应来评价与人体的相容性时，对病患的脊柱功能评价就应成为主要评价指标的要素之一。

JOA 评分、Oswestry 功能丧失指数 ODI、NDI、ODOM 量表、VAS 量表、SF－36 调查问卷等均为临床诊治中常用的功能评价表，在使用中不仅应记录治疗前后的分值，还应计算改善率，例如 JOA 评分的改善率计算公式：

$$JOA 评分改善率 = (术后分 - 术前分)/(总分 - 术前分) \times 100\%$$

各类评价表的运用对于控制临床试验中入组病例的基线是很有意义的。

（3）安全性评价指标　除了融合器相关不良事件如融合器移位、沉陷等失效事件，椎间隙高度丢失率的计算也同样应进行记录。不良事件及继发干预相关的信息都是记录的重点，尤其严重不良事件。

不良事件是临床数据中的重点内容，尤其严重不良事件。严重不良事件，是指临床试验过程中发生的导致：死亡；患者、使用者或者他人健康严重恶化，包括：致命的疾病或者伤害、身体结构或者身体功能的永久性缺陷、需住院治疗或者延长住院时间、需要进行医疗或者手术介入以避免对身体结构或者身体功能造成永久性缺陷；导致胎儿窘迫、胎儿死亡或者先天性异常/先天缺损等事件。

临床试验过程中的全部不良事件均应报告，并对不良事件发生率做出整体评价，应按照与器械的相关度进行分层分析，例如：从神经/功能/疼痛等并发症的术前/术中/术后与器械/手术部位/全身系统的关系进行分层。同时有多项不良事件发生的病例应着重描述。其中，与产品操作使用（而非产品失效）相关的不良事件会较多，且不同医疗地区所上报的情况会有所不同。各分层数据的原因分析中，要注意产品及植入操作本身对人体的作用模式本身会否产生数据评价中的不良事件，例如由于融合器存在而引起的疼痛、不适或感觉异常，由于手术操作引起的软组织或血管损伤，因神经根或硬膜的过度撑开牵引或损伤而导致的神经并发症（Horner 综合征、迷走神经损伤等）、脑脊液漏、术后颈肩痛、腰背肌损伤所致的术后难治性腰背痛、吞咽或呼吸困难、临近节段退变等。这些不良事件应与由于融合器安全性较差而产生的不良事件相区别，如融合器下沉、松动、移位、脱落、碎裂，椎体骨折、骨裂、骨吸收、骨不连以及由之引发的神经压迫症状（包括疼痛、麻痹等）和病理体征，另外也应明示植入后诱发的过敏反应、局部肿瘤等不良反应。若不良事件体现出产品风险分析中未纳入分析防控的危害，应着重进行阐述，包括采取的改进措施如设计修改、植入操作改进或适应证（如具体的椎体滑脱 Meyerding 分型等）、禁忌证及注意事项的进一步细化。

在不良事件中，继发的外科干预要独立进行分析。这些外科干预包含翻修（包括去除、替换和重置融合器或组件）、移除融合器但不替换新产品而选择其他融合方式、再手术（如进一步解压操作）和补充植入其他固定物等。

3. 样本量设定　针对主要评价指标和临床历史数据，进行高质量数据分析和计算，确定试验组主要评价指标的预期有效率，结合所设定的统计学类型之后，方能合理设定样本量。样本量的计算公式及计算结果有诸多的统计学文献可供直接查询，例如历史数据支持的联合终点有效率（优良率）为 95%，双侧检验 α 取 0.05，β 取 0.1，非劣效界值 δ 取 0.15 时，每组病例数为 45 例，一般考虑 10% 脱落率后每组入组病例数为 50 例，其他参数不变而 δ 取 0.1 时每组入组病例数为 111 例；单组目标值试验时，双侧检验下若经文献等历史数据统计后的目标值设定为85%，β取0.2时，一般考虑10%脱落率后入组病例数为87例。这里要注意，较少的样本量通常情况下需要较多高质量文献数据集对各项参数取值进行支持，这在一定程度上也会增加申请人的负担。例如单侧检验、非劣效检验中预期有效率提高、目标值降低、β扩大及δ扩大均会降低样本量，但必须经统计处理的、充分分析的文献数据支持。

4. 入排标准和脊椎节段比例　入排标准及病例结构关系到主要评价指标的观察是否建立在均衡的基线上，对于试验质量及试验结果对所宣称功效的支持力度很重要。

（1）入选标准　椎间融合器临床试验入选病例时首先应注意年龄和性别的分布，这两项因素关系到患者骨质代谢状况，从而影响着试验的均一性。鉴于脊柱融合术一般用于骨骼发育成熟患者，建议入组患者年龄＞18岁并具有较集中的分布。中老年男性与女性在病因及骨代谢特点上有一定的统计学差别，因而建议试验组与对照组的组内男女病患比例相一致。

入组病例治疗所涉及的脊柱节段应明示，如颈椎及胸腰椎的具体位置。尤其对于多节段治疗的患者，应将各节段的疾病信息表述清晰，这对入组病例基线均衡性的分析至关重要。

与主要评价指标相适应，病患节段的疾病信息主要包括影像学上判定的脊柱失稳的病理类型（如创伤还是退行性变引起的、脊髓型还是神经根型的脊椎病）、疾病分级分期分型（如脊柱滑脱的Meyerding分型、椎间盘退变的病理分型）等，尤其对于特殊设计的椎间融合器产品。

与临床实践相符的是，入组患者一般都经历了至少4~6周的不成功的非手术保守治疗。

按照常规临床试验"意向性试验"的基本要求，入组患者必须是自愿参加试验，能够准确理解并签署知情同意书，能够遵守术后管理程序，能够配合试验计划完成术后随访。

（2）排除标准　排除标准的内容不仅仅关系到入组患者的基线均衡性、整体试验的质量及试验结果的意义，还关系到入组患者的安全性。以下是脊柱临床试验普遍的排除标准，常常与最终的禁忌证有一定相关性。

1）明显的局部或全身严重感染，如骨髓炎。

2）可能导致术后护理期间出现难以接受的固定失败或并发症风险的任何精神或神经–肌肉及血管疾患。

3）妊娠。

4）手术部位没有足够软组织覆盖的患者。

5）明确的或怀疑对产品所用金属、高分子材料或对异物过敏。

6）骨质疏松症、骨软化症或类似的骨密度降低是手术的相对禁忌证，因为他们可能会降低已达到的校正程度和（或）机械固定的效果，尤其是对于高龄严重骨质疏松症患者。

7）系统性或代谢性疾病。

8）患者的总体健康状况不良，如冠心病、高血压等常规全麻手术禁忌证。

9）会导致植入物固定失败或者植入物本身因负荷过重而损坏的肥胖症。

10）患者不愿意或无能力遵循术后疗法和（或）康复方案的指示。

11）精神疾病、药物滥用或酗酒；不能保证在骨折愈合期间戒烟患者。

12）由于疾病、感染或以往的手术操作而影响现存骨量，使之不能给植入装置提供足够的支撑和（或）固定，并影响骨性融合。

13）脊柱肿瘤，包括转移瘤。

14）长期服用影响骨、软组织愈合的药物（如化疗药物、皮质类固醇激素，除外甲泼尼龙）。

15）正在接受放射治疗的患者。

16）使用生长因子，长期使用镇静催眠药（连续使用 3 个月以上），长期使用非甾体类消炎药（连续使用 3 个月以上）。

17）研究者判断不适合入选的其他情况（如：小儿麻痹后遗症等）等。

18）患者精神上无能力或者不能理解参与研究的要求。

19）预计无依从性。

20）骨骼不成熟，正在发育中的患者。

21）受试者合并的其他疾病限制其参加研究，不能依从随访或影响研究的科学性完整性。

22）拒绝签署知情同意书者。

需明确指出的是，未纳入临床试验与不列入产品适应证是两个概念。研究者需要将试验所验证的适应证扩展到对最终宣称的适应证的支持，此部分分析论证也包括前述假关节病患及既往融合失败病患。通常外推出的适应证需要明确更多的注意事项及限制条件。

（3）脊椎节段比例 椎间融合器通常与脊柱内固定系统联合使用，脊柱内固定系统已可提供坚强的脊柱初始稳定性，这就使得辅助脊柱内固定的情况下，颈椎间和胸腰椎间的局部融合环境及对椎间融合器融合效果的影像学观察指标趋于同质化，临床试验中主要评价内容就集中为评价椎间融合器促进椎间骨性融合的能力。因此联合脊柱内固定的椎间融合器的病例，不论术式、手术入路或应用部位，在评价椎间骨性融合效果上具有同质性，可以招募入同一组进行试验并统一进行统计分析。

鉴于其他次要评价指标及安全性评价指标的需要，试验组与对照组间应有可比性，建议各组内均包含颈椎或胸腰椎病例，例如均不少于该组病例总数的 1/3。

然而，颈胸腰椎入组的同质性是有严格前提的，即直至随访时间终点，所治疗的病患节段的内固定系统仍未取出。这貌似减少了临床试验的成本，但对融合器的长期风险评价及使用方法会产生极大限制，例如，若产品宣称在一定时间后或一定情况下可移除内固定，则随访观察节点应包括取出内固定后椎间融合效果的观察，此时由于颈椎段与胸腰椎段脊柱的生理活动度差异，颈椎与胸腰椎融合的动力位 X 线平片的判定标准在椎间平移运动度及成角运动度方面有差异，故而可能造成颈椎与胸腰椎病例的异质性，最终需要分别进行临床试验或补充已有的临床试验。如果融合时的平移运动度及成角运动度的衡量能够统一，例如统一取脊柱融合判定的最严格标准即平移运动 =0mm、成角运动 <2°，则颈胸腰椎原则上仍可招募在同一试验内。但此时应注意，这可能使更多病例被判定为不融合，尤其对于生理活动度本身很大的颈椎部位的融合术，临床试验结果将可能不支持受试产品的安全有效。

5. 随访窗口及试验持续时间 为全面客观地体现入组病患的椎间融合效果，一般来讲椎间融合术后需经历 6 ~ 12 个月的随访期。缩短试验时间将可能仅仅观察到内固定辅助环境下的椎间活动度，对远期去除脊柱内固定后椎间融合效果的支持力度较弱。

每例病患的随访时间点至少包括术前、术后 1 周内、术后 3 月 ±2 周、术后 6 月 ±2 周，若方案中设定随访期为 9 或 12 个月，应相应包括术后 9 月 ±1 月及术后 12 月 ±1 月，鼓励根据患者安全性数据的表现相应地增加随访窗口数量并缩短各窗口期的跨度。

6. 数据呈现 各入组病例的信息清单中，患者术前及术后诊断结果（包括受累节段和疾病类别等）、所使用器械的型号规格数量等信息应详尽。临床试验过程中所有来源于 CRF 的随访信息均应列表汇总，而非笼统地描述。注意应按组别而非个体病患汇总各随访时间窗的各项观察终点的信息，例如术后 3 月 ±2 周时试验组达到"优"级融合的比率及融合器移位率，术后 6 月 ±2 周时对照组达到"优"级融合的比率及融合器移位率。这里"率"的呈现应以"达标病例数/随访病例数 ×100% ＝比率"的方式在数据表格中给出，例如"10/50 ×100% ＝20%"。建议各随访时点的各观察终点信息应并列呈现在同一表格内。含有多个融合节段的病例应将各节段中最差表现作为该病例观察终点的信息。

对未遵守临床试验方案的病例应单独呈现，并最终分析这些病例对整体试验结果的统计学影响。

不良事件应按各随访时间点及各观察终点全面客观呈现，与前述"安全性评价指标"内容一致，应分层为器械、手术和全身系统相关的不良事件，并进行原因分析。术后的翻修、移除、再手术、补充固定及其他继发外科干预事件要独立于其他不良事件，单独进行呈现。"翻修"可包含去除、替代和重置一个组件，"移除"可能带有替换，"再手术"不包括移除、修正、替换或增加植入器械，"其他外科干预"是与所研究融合器无关的外科手术。值得注意的是继发外科干预事件的病例应与死亡等严重不良事件病例一同纳入失败病例。

7. 统计分析   人口统计学与基线特征方面，除了骨科医疗器械临床试验常见的共性信息，如性别、年龄、体重、骨质情况、既往病史、手术史（尤其脊柱手术）及伴随的内科疾病情况等，研究者还应对试验干预脊柱节段的病情基线（如各类评价表得分）进行分析，具体方面与入选标准中考虑的因素相一致。最终的分析结果应对入选病例基线不均衡之处，以及对试验偏倚的影响进行论证，必要时可考虑协方差分析等方法进行基线分析。对多中心效应、非随机化设计等带来的试验偏倚，可通过倾向评分法（包括变量调整法、分层分析法及配比法）和回归分析等统计方法进行控制。

数据分析时应考虑数据的完整性，受试产品及受试者数据的剔除条件或偏倚数据的处理必须在统计方案中预先界定并给出依据。

对于涉及多节段融合治疗的病例，应对试验结果进行灵敏度分析，以患者为单位和以植入融合器为单位分别进行统计分析并比较。

临床试验的数据分析应基于不同的分析集，通常包括全分析集、符合方案集和安全分析集，研究方案中应明确各分析集的定义。全分析集中脱落病例主要评价指标缺失值的填补方法（如最差值法等）应在临床试验方案中予以事先明确，并进行灵敏度分析，以评价缺失数据对研究结果稳定性的影响。主要评价指标的分析应同时在全分析集和符合方案集上进行；安全性指标的分析应基于安全分析集。

对于主要评价指标，统计结果需采用点估计及相应的 95% 可信区间进行分析与评价。对于非劣效检验，主要评价指标的组间差值必须与非劣效界值有统计学意义上的差异，并且其差异的 95% 可信区间下限必须大于 $-\delta$（以影像学稳定性的优良率为主要评价指标时），若以假体的影像学移位率为主要评价指标则组间差值的 95% 可信区间下限必须小于 δ，此时方能使假设检验的备择假设 H1 成立，从而判定试验器械非劣于对照组产品。

统计方案中应预先明确具体的统计分析方法（例如平衡基线的协方差、分析多中心效应的 CMH、贝叶斯模型中马尔科夫链蒙特卡洛法等统计方法）、统计分析软件及其版本和相关计算过程中参数的设定，例如 EpiData3.0、SAS9.4、SPSS19.0、WinBUGS14 等软件及参数。

统计分析报告应纳入最终的临床试验总结报告中，各中心的数据应统一进行报告。

（八）延续注册时产品分析报告

延续注册时产品在注册证有效期内的产品分析报告应重点关注"（七）产品的临床试验"中第 2 条（3）中所述的融合器相关不良事件的审查要点。

（九）产品说明书、标签和包装标识

产品说明书、标签和包装标识应符合国家食品药品监督管理总局发布的《医疗器械说明书和标签管理规定》要求，还应符合相关国家标准、行业标准的要求，例如 YY/T 0466.1《用于医疗器械标签、标记和提供信息的符号》。

　　产品临床适用范围/适应证、禁忌证、并发症、注意事项应与临床试验所验证的范围一致，例如适用范围"适用于进行脊柱融合术时支撑椎体，提供即刻稳定性，支持正常的骨性融合过程。明确适用部位为颈椎（C_x—C_x）或胸腰骶椎（T_x—L_x/S_1）。通常与内固定装置配合使用于脊柱节段退行性失稳、脊柱节段创伤性失稳、脊椎滑脱、椎间减压术后（脊柱节段医源性失稳）、脊柱侧凸矫正"，禁忌证包括临床试验方案中的排除标准内容；并发症和警告内容提示"骨不连（假关节形成）或延迟愈合；感染、无菌性炎症；由于植入物存在而引起的疼痛、不适或感觉异常；由于手术操作引起的神经、软组织或血管损伤；由于应力遮挡导致的骨密度降低及骨吸收；骨折及骨裂；因神经根或硬膜的过度撑开牵引或损伤而导致的神经并发症；对植入物的过敏反应；植入物下沉、椎间隙高度的降低；植入物松动、移位、脱落、碎裂；邻近节段退变；异位骨化；难治性颈、胸、腰痛综合征；椎旁韧带肌肉组织损伤"等内容。

　　作为脊柱内植入物，椎间融合器的 MR 兼容性很重要。鼓励企业按照 ASTM F2182、F2052、F2119 对核磁环境下椎间融合器的致热、位移及伪影进行测试与评估，并相应地在说明书中明确植入后临床核磁检查的限制条件，作为警示或注意事项内容的一部分。

　　产品有效期、植入后从人体取出的条件、采用的灭菌方法、非灭菌产品推荐采用的灭菌方法等信息应与产品研究资料所述一致。

目标检测

一、选择题

1. 3D 打印椎间融合器产品通常采用（　　）为原料通过激光或者电子束熔融等增材制造工艺制造
　　A. 纯 Ti 粉末　　　　　　　　　　　　B. 医用钽合金粉末
　　C. TC4 或 TC4 ELI 钛合金粉末　　　　D. SUS304 粉末

2. 以下不属于 3D 打印椎间融合器机械性能的是（　　）
　　A. 动静态力学试验　　　　　　　　　B. 耐腐蚀性和金属离子析出
　　C. 静态轴向压缩沉陷试验　　　　　　D. 抗冲击性能

3. 以下不属于 MRI 相容性测试的项目的是（　　）
　　A. 比吸收率（SAR）　　　　　　　　B. 位移力
　　C. 伪影　　　　　　　　　　　　　　D. 防脱出性

二、简答题

1. 简述 3D 打印椎间融合器产品生产制造相关的注册审查指导原则。

2. 简述 Brantigan 和 Steffee 提出的融合结果影像学分级。

书网融合……

本章小结

第八章　增材制造技术在康复辅助器械行业的应用

学习目标

1. **掌握**　康复辅助器械增材制造技术与减材制造技术制备的工艺区别。
2. **熟悉**　当前增材制造技术在康复辅助行业应用的发展现状。
3. **了解**　医用增材制造技术在康复辅助器械行业的机遇与挑战。
4. 学会描述增材制造技术制备康复辅助器械的生产流程。
5. 培养科学严谨的工作态度、实事求是和精益求精的工作作风以及良好的职业素养。

⇨ 案例分析

　　案例　小刘因年轻的时候受工伤，失去了双腿，一直渴望能够像健全人一样正常站立和行走。他平时生活中运动量大，而之前穿戴的传统假肢较重、不透气，行走时间长了就发热、流汗、瘙痒。研究人员为小刘定制了增材制造一体化双小腿假肢并适配，解决了传统假肢不透气的历史问题，取得了极好的康复效果。小刘作为产品模特，多次参加展会和技术交流，获得了业内专家广泛关注和认可，展现了假肢数字化技术发展的新成绩。小刘说："以前总觉得自己是家里的负担，自从穿了增材制造辅具，现在也能分担一些家务了，买菜、做饭、洗衣服甚至是搬运煤气罐，最远的一次行走了 5 千米。活动范围更大了，就像给我们残疾人插上了腾飞的翅膀"。

　　问题　1. 为什么小刘说像是为残疾人插上了腾飞的翅膀？
　　　　　　2. 这双翅膀具体是什么？应用了什么技术？

第一节　康复辅具概述

一、康复辅具的定义

　　康复辅具是利用辅助技术将辅助器具产品因人而异地配置于残障人，起到补偿或替代身体障碍的功能：以工程的手段辅以矫治、固定的功能，最大限度地实现生活自理，参与社会活动。康复辅具是帮助身体功能障碍者，特别是身体功能性衰退者回归社会的最基本和最有效的手段，对于某些身体功能障碍，配置辅具甚至是唯一的康复手段，图 8-1 为部分康复辅具示例。

二、康复辅具的分类

　　康复辅具分为 11 大类：个人移动辅助器具、矫形器和假肢、个人生活自理和防护辅助器具、个人医疗辅助器具、技能训练辅助器具、家庭和其他场所的家具及其适配件、家务辅助器具休闲娱乐辅助器具、沟通和信息辅助器具、就业和职业培训辅助器具、操作物品和器具的辅助器具以及环境改善和评估辅助器具。

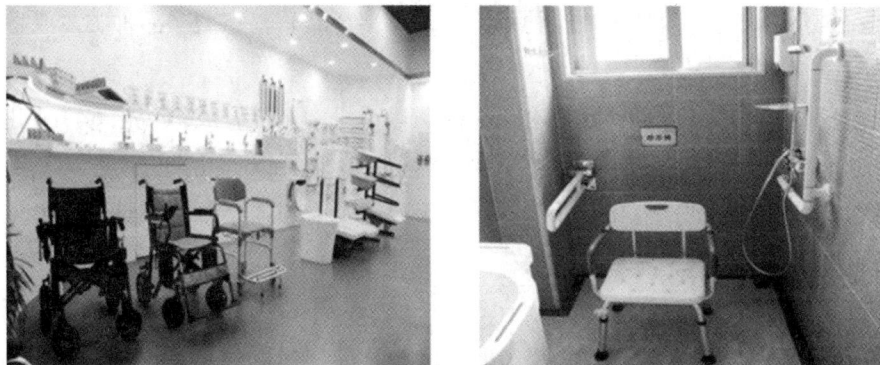

图 8-1　康复辅具示例

三、我国康复辅具的发展现状与挑战

（一）康复辅具主要涉及面与服务对象

我国巨大的人口基数将使老龄化和残疾人问题在未来十年内成为严重的社会问题。早在 2000 年我国就已跨入老年型人口国家的行列，截至 2023 年末，我国 60 岁及以上老年人口已超过 2.9 亿，占总人口的 21.1%。老年人口以每年 3.2% 的速度增加，预计在 2050 年，我国 60 岁以上人群将占全国人口的 34.1%。

根据《2009 中国民政统计年鉴》以及康复辅具产业技术创新战略联盟提供的数据，我国老年人中，长期卧床、生活不能自理的约有 2700 万人，半身不遂的约有 70 万人，82 万老年性痴呆患者中约有 24 万人长期卧床。我国 3.74 亿个家庭中，有长期卧床患者的家庭约占全国家庭总户数的 8%。我国正逐步形成"4+2"的家庭模式，一对夫妇需要承担 4 位老人的养老义务。

此外，根据第二次残疾人抽样调查的结果，我国残疾人总数为 8296 万，占人口总数的 6.34%，涉及 2.6 亿家庭人口。据统计，仅有 23.3% 左右的残疾人得到了康复服务，残疾人主动要求配置康复辅具的占 38.56%，而实际配置康复辅具的只占 7.31%。大力发展康复辅具技术和产品，利用科技的力量来减轻家庭护理的负担，将是我国很长一段时间内的发展趋势。

（二）发展现状

纵观各国辅助器具的发展历史，康复辅具的研究开发均从假肢、矫形器、轮椅车等辅助器具的研究和生产开始，我国也不例外。经过改革开放政策的实施，我国在假肢、矫形器和轮椅车等领域制定和发布了不少相关国家标准和行业标准，已形成一定产业规模；我国假肢、矫形器等传统康复辅具的配置实现了完全自给，生产的假肢、矫形器零部件性价比位居国际领先水平，并出口到发展中国家，占有较大的市场份额；科研院所和大专院校研究的相关课题，包括假肢接受腔 CAD/CAN 系统、钛合金下肢假肢组件、足底矫形器 CAD/CAM 系统、肌电假手、2C 运动储能脚等均达到同期国际先进水平。

"十一五"期间，各级政府、科技主管部门和行业主管部门积极推动康复辅具行业建设，在政策、人才和资金等方面给予了大力支持。科技部通过科技支撑计划、863 计划等科技计划支持了多个专门面向残障者的重大科研项目，部分项目已取得一批高水平的科研成果，为康复辅具产品的研究奠定了良好的基础，有力推动了我国康复辅具事业的发展。

（三）面临的挑战

我国的康复辅具产业仍存在较大的空白，康复辅具产品无论是从品种数量上还是从科技含量上，与发达国家仍然有一定差距。行业发展还处于初级阶段，高端产品、普惠型产品种类少及数量匮乏是面临的主要问题。

除经济和社会发展原因外，管理体制、法律法规、运行机制、科研成果转化和产业化研究开发中存在的诸多问题，也是制约康复辅具产业发展的重要原因，主要包括以下几个方面：辅具配置保障体系尚未建立健全；科研成果较难实现产业化；康复辅具加工技术亟需加强；康复辅具创新型人才相对比较缺乏；康复辅具高新技术产业体系尚未形成等。

第二节　康复辅具数字化制备的材料

3D 打印制造技术主要由 3 个关键要素组成：①产品需要进行精准的三维设计，运用计算机辅助设计（CAD）工具对产品全方位精准定位；②需要强大的成型设备；③需要满足制品性能和成型工艺的材料。

由于 3D 打印制造技术完全改变了传统制造工业的方式和原理，是对传统制造模式的一种颠覆，因此 3D 打印材料成为限制 3D 打印发展的主要瓶颈，也是 3D 打印突破创新的关键点和难点所在，只有进行更多新材料的开发才能拓展 3D 打印技术的应用领域。

目前，3D 打印材料主要包括聚合物材料、金属材料、陶瓷材料和复合材料等。

一、主流康复 3D 打印材料

找到适合的打印材料决定着康复辅具的打印效果，尤其是强度、弯曲度和韧性。从目前国内外研究情况来看，应用于 3D 打印康复辅具的技术和打印材料集中于：SLS 最多，材料有 PA2200、PA2201、DuraForm™PA、DuraForm™GF、Rilsan™D80、DuraForm EX Natural Plastic、Accura 40 resin。FDM（熔融沉积成型），材料为 PC - ISO、Polylactide。SLA 应用少，材料为 DSMSomos9120。

二、不同康复 3D 成型工艺存在的问题

1. SLA　是利用一个或多个紫外激光来固化液态光聚合物树脂，然而 SLA 产品的结构、功能和美学完整性可能会受到紫外线照射的影响，材料会变脆或变色。因此，SLA 设备可能需要进一步的材料科学研究或后处理策略，以减少紫外线照射。

2. SLS　类似于 SLA，但不是使用激光来固化液体，而是使用激光来跟踪和熔化或烧化粉末基板以逐层制造物体。SLS 制造的 AFO 还需要长时间的"预热"和"冷却"时间，以实现最佳制造和安全移除。

3. FDM　是通过加热的部件将熔融材料沉积到平台上的过程。在沉积了单个横截面材料层之后，构建平台降低以允许打印下一层。但 FDM 产品一般质硬，精度不高，不适合精度要求高的康复辅具。

三、不同康复 3D 打印材料存在的问题

1. PA2200　表面质量粗糙，导致患者穿戴舒适性差，患者不愿意穿戴；Accura Xtreme 远期发生断

裂，也不推荐临床应用。

2. Somos NeXt　临床短期使用没有问题，但存在长期使用后可能变脆、可能断裂，并且材料成本贵，购货渠道不方便，不建议国内临床应用。

3. PA12　适合临床应用，但需要解决厚度问题。从颅形异常矫形头盔和上肢支具的打印材料效果来看，聚乳酸、TPU打印的效果不适合临床使用，材料PA12适合。

今后需要进一步开展打印材料的研究，确定理想的打印材料、打印方法以及后处理，实现康复辅具表面质量、精度、强度、韧性的理想打印。

第三节　康复辅具数字化制备的工艺

下面以一例具体的手部矫形器为例，对康复辅具的数字化制备工艺进行介绍。

一、仪器设备及相关软件

1. 硬件　戴尔T7910图形工作站（DELL公司，美国），处理器为英特尔至强E5-2650v4，CPU主频为2.20GHz，内存64.0GB，Windows 7旗舰版64位操作系统（Microsoft公司，美国）；Philips-Medical-SystemsIngenia 3.0T MRI（Philips公司，荷兰）（南方医科大学附属第三医院影像科提供）；1TB SATA移动硬盘。

2. 软件系统　包括Windows 7专业版操作系统（Microsoft公司，美国）、医学图像三维重建软件Mimics19.0（Materialise公司，比利时）、逆向工程建模软件Geomagic Studio（Geomagic公司，美国）、CAD辅助设计软件UG NX（Siemens公司，德国）、有限元分析软件Abaqus（SIMULIA公司，美国）、模型添加支撑软件MakerBot Desktop（MakerBot公司，美国）。

3. 3D打印机　桌面级3D打印机MakerBot Replicator Z18（MakerBot公司，美国），打印尺寸305mm×305mm×457mm，层分辨率100μm，喷嘴直径0.4mm。

4. 3D打印的材料　PLA（聚乳酸），是一种热塑性材料，由玉米淀粉、蔗糖、木薯等为原料制成，有良好的机械加工性能，高质量高精度，环保无毒。

二、数据采集及扫描方法

以下均以前臂及手部构造3D重建为例：选取1例女性志愿者，采用Philips-MedicalSystems-Ingenia 3.0T MRI（南方医科大学附属第三医院影像科提供）进行扫描。患者采取仰卧位，患者身体中轴线与扫描床轴线平行，上肢伸直置于头顶侧，手处于一种准备进行功能活动的状态，也就是手的功能位，其腕部背伸角度为25°~30°，拇指充分外展与示指对掌位，掌指关节和近指间关节分别屈曲45°，并远指间关节屈曲10°~15°，各指间关节的屈曲度数相似，手指间略为分开，以桡骨中段作为扫描中心，扫描双上肢范围包括肱骨下端至掌骨以远，选用T1-mDIXON-W扫描模式，层厚2mm，层距1mm，重建矩阵×512，每一次曝光时间为1.5秒。获得连续横断面MRI图像，单层图像分辨率为512×512pixel，在影像工作站上将MRI图像原始数据以DICOM标准格式刻录光盘。

三、建模及设计过程

模型的数字化设计以CAD软件为主，结合了其他的3D建模软件、有限元分析软件等。

（一）Mimics 建模过程

将志愿者 MRI 扫描的 DICOM 格式数据，导入 Mimics 软件（Materialise 公司，比利时），首先选择 Thresholding 模块，分别进行前臂和手部的阈值分割，确定分割的灰度值范围是 34~195，这个范围的灰度值刚好可以把皮肤的轮廓分割出来，分割出来的前臂和手掌的整个部分保存为初始蒙版（Mask），对提取的初始蒙板利用 Edit Masks 模块和 Multiple Slice Edit 模块进行修补，把粗糙或者破损的地方填补好，然后利用 Smooth mask 模块进行光顺，最后利用 Calculate 3D 模块处理计算出前臂和手部的 3D 模型，导出为 STL 格式文件保存，如图 8-2 所示。

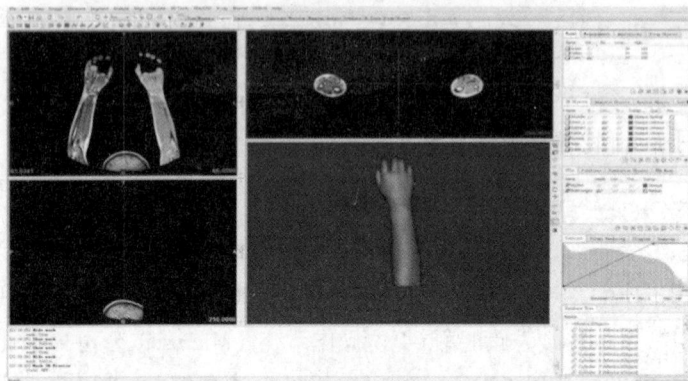

图 8-2　前臂及手部构建 3D 重建

（二）模型表面处理与矫形器模型的建立

Mimics19.0 软件中计算得到的前臂和手部模型 STL 文件，导入 Geomagic Studio（Geomagic 公司，美国）软件，在多边形模块中进行模型的表面去特征、切割、表面平滑处理、加厚，得到厚度为 2mm 的矫形器模型，同时把整个矫形器扩大 2mm，目的是佩戴时能够在矫形器和皮肤间保留一定的距离，方便打印出来后加衬垫，在桡骨茎突的部位，向外突出 2mm，从而避免桡骨茎突部位的卡压和摩擦导致疼痛等，然后在软件的精确曲面模块依次进行探测轮廓线、构造曲面片、构造格栅、拟合曲面操作、偏差分析，在精确曲面模块处理完成后，构造出的即为 NURBS 曲面，最终拟合曲面完成实体建模并以 STP 文件格式导出保存，如图 8-3 所示。

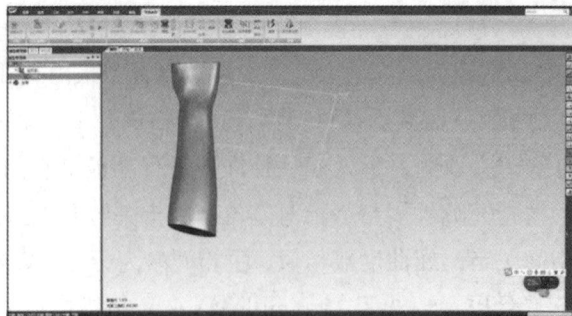

图 8-3　矫形器 3D 模型的处理与实体建模

（三）矫形器的有限元分析

将上一步处理得到的 STP 格式的矫形器模型导入 Abaqus 软件（SIMULIA 公司，美国）中进行如下有限元操作：特性设置（Property）、建立装配体（Assembly）、划分网格（Mesh）、定义分析步（Step）、界定相互作用（Interaction）、落实载荷边界（Load）、提交运算（Job）以及后处理（Visualization）等，如图 8-4 所示，计算得到优化的结构，从而进行优化设计。其中特性设置步骤中，参考既往文献数据对其采用均一材料属性赋值，并且材料性质方面为各向同性，其弹性模量为 1300MPa，泊松比取值 0.46。根据文献数据，模拟患者穿戴矫形器时矫形器受到魔术贴对其表面施加的表面压力 49N。

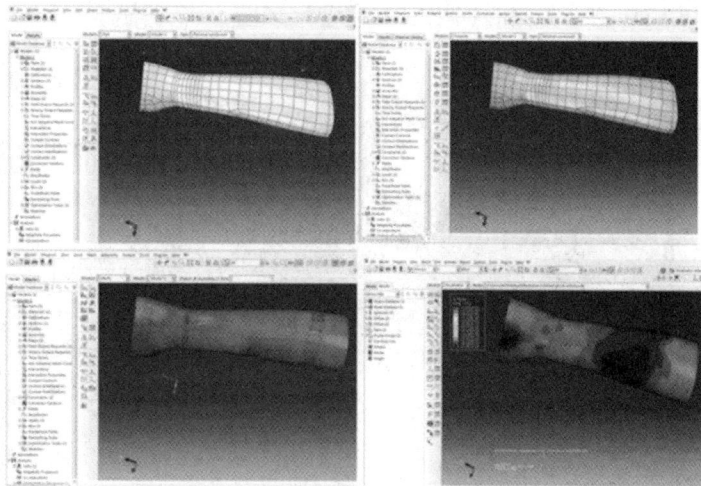

图 8-4　矫形器 3D 模型的有限元分析过程

另外，对矫形器远端和近端设置约束的边界条件，建立 1 个分析步，同时于矫形器远端和近端施加其所受到的魔术贴的表面压力。在接触设置方面，于矫形器与魔术贴相接触处设置为耦合约束，以将该接触面上的所有曲面片关联起来。最后，提交模型到 Abaqus 求解器进行运算。有限元分析是 CAD 的基本组成部分，它提供更快捷和低成本的方式来评估设计的概念和细节，检验设计的性能，缩短设计周期，大大降低了原型试验的成本，还能提供详细的应力应变情况。

（四）矫形器的优化

利用 Abaqus 软件中的优化模块，对矫形器进行优化。优化区域为远端魔术贴至近端魔术贴之间的矫形器部分。然后根据设计需要，优化过程的目标函数确定为 MinF（X1，X2，X3，锰，Xn），其中 F = weight；X1，X2，X3，…，Xn 是力学参数，优化重量和体积，使其达到优化并保证其刚度符合要求；在优化过程的几何约束步骤中，冻结边界和魔术贴所在的曲面部分，以免其在优化过程中遭到破坏。设置 10 个优化参数（5%、10%、15%、20%、25%、30%、35%、40%、45%、50%），将优化模型提交到 Abaqus 中优化求解器进行运算，优化后模型如图 8-5 所示。

图 8-5　矫形器优化的过程

四、优化设计及 3D 打印过程

根据有限元分析的结果，在分析发现的载荷低的对应区域，这些区域不会对矫形器的机械强度产生不利影响，通过布尔运算方式在模型上挖出直径 3mm 的圆形通风孔，既增加了透气性，同时也能减少耗材，如图 8-6 所示。用 3D 打印材料打印出实物模型，如图 8-7 所示。

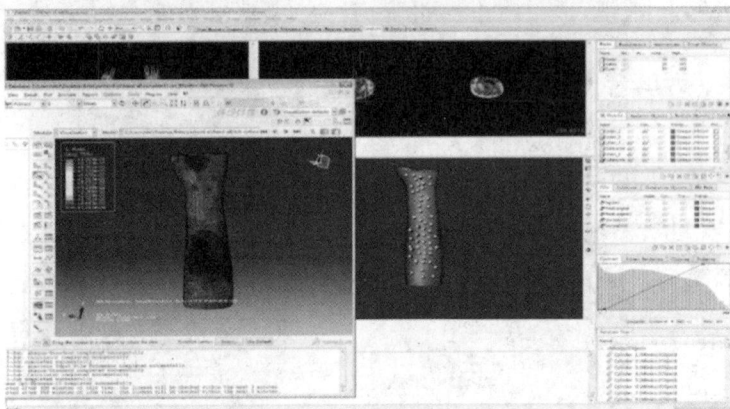

图 8-6　矫形器优化设计

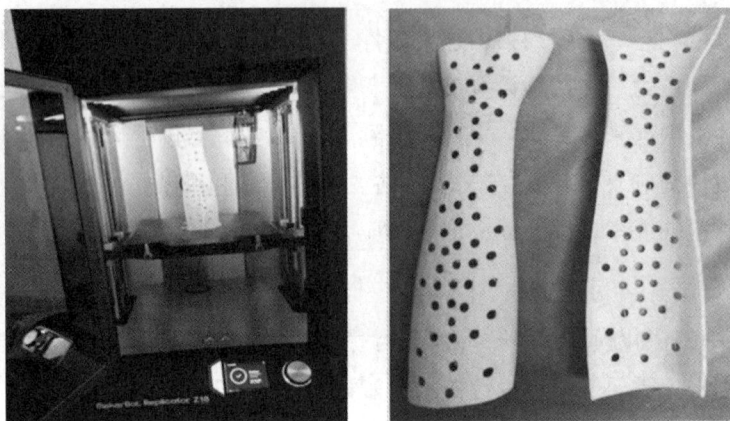

图 8-7　矫形器 3D 打印过程

五、评价方法

采用魁北克辅助科技使用者满意度评估量表 QUEST2.0，同时参照李克特五点计分法设计的满意度评估量表，招募 30 个志愿者 [男 15 人，女 15 人，年龄（24.26±2.38）岁，体质量（59.67±10.63）kg]。用 MRI 采集的数据，按照研究课题中的 3D 打印个性化康复矫形器的设计方案制作出矫形器，由志愿者佩戴 3D 打印矫形器和传统手工方法制作的矫形器，然后直接填写调查满意度评估量表，再汇总志愿者对所列项目的认同度。本量表在魁北克辅助科技使用者满意度评估量表特点的基础上依据人和产品适配模式设计，由选择题和填空题组成。本量表共 12 道题，包括矫形器使用的舒适度、使用简易度、性价比、重量、外表美观性、透气性以及志愿者的身高、体质量等相关内容。采用李克特五点计分法量表，即 5 = 很满意，4 = 满意，3 = 一般，2 = 不满意，1 = 很不满意。

第四节　康复辅具相关政策及标准

康复辅具标准化是以康复辅具为对象的标准化活动，包括康复辅具产品、配置服务、管理等诸多方面。康复辅具标准化对促进我国康复辅具科技的创新与发展，康复辅具产品质量的提高，康复辅具市场的规范，康复辅具配置服务水平的提升，康复辅具国际竞争能力的提高，均具有重要意义。

一、相关政策

以下介绍《国家康复辅助器具产业第二批国家综合创新试点工作方案》部分摘要。

（一）促进产业集聚发展

重点是搭建聚集发展平台，打造康复辅助器具产业园区或基地，科学定位产业发展方向，完善基础设施和配套建设等；强化产业公共服务，建设面向康复辅助器具产业集群和中小型企业的公共服务平台，大力发展研发设计、科技成果转化、融资租赁、信息技术服务、检验检测认证、电子商务、服务外包、品牌建设和人力资源服务等生产性服务等；创造良好发展环境，通过加强财政引导和强化金融服务等方式培育壮大产业发展资本市场，实施积极的创新创业人才培养、引进政策等；加强国际合作交流，支持企业加快引进吸收国外先进科技成果，着眼全球配置优势资源，持续拓展国外市场份额等。通过试点，形成一批具有国际竞争力和影响力的领军企业，造就一批创新性强、成长性好的企业。

（二）加强服务网络建设

重点是发展配置服务机构，鼓励地方财政通过奖励引导等方式支持非营利性康复辅助器具配置服务机构建设，鼓励、吸引和扶持社会力量兴办康复辅助器具配置服务机构等；提升配置服务能力，推动康复辅助器具配置服务机构适应消费需求升级，发展内容多样化、品质精细化的配置服务，支持现有服务网络规范化建设和能力提升等；创新配置服务模式，推进互联网、云计算、大数据、3D打印等新技术在配置服务中的集成应用，搭建康复辅助器具产品服务信息平台等。通过试点，形成主体多元、覆盖面广、可及性高的康复辅助器具配置服务网络。

（三）推进政产学研用模式创新

重点是充分发挥政府职能作用，加快构建有利于康复辅助器具科技产业发展的法规政策体系等；建立资源互动共享机制，推动企业与普通高校、职业院校合作建立人才培养基地，鼓励有关院校增设康复辅助器具相关专业，支持企业为科研机构和有关院校提供教师实践和学生实习岗位，统筹企业、科研院所、高等学校等创新资源，搭建科技创新平台和基础共性技术研发平台等；促进创新主体高效对接，搭建面向康复辅助器具科技成果转化、产业化的服务平台，组建政产学研用创新联盟，注重发挥用户需求在产品研发设计中的引导作用等；着力提升研发创新能力，多渠道增加投入，支持相关基础理论、基础工艺、基础材料、基础元器件、基础技术研发，积极探索高新技术和产品的研发应用等。通过试点，政产学研用协同创新能力明显增强，突破一批前沿、关键和共性技术，促进新产品开发、旧产品升级，形成一批具有自主知识产权的高品质产品。

（四）实现业态融合发展

重点是加强与养老服务业的融合，推进康复辅助器具在居家养老服务中的普及应用和老年人居住场所的无障碍设施改造，推动各类养老服务机构设置康复辅助器具配置室并提供基本的配置服务等；加强与助残扶残业的融合，推动康复辅助器具在残疾人服务、教育和就业机构中的集中应用，有条件的地方可以对城乡贫困残疾人、重度残疾人基本型康复辅助器具配置给予补贴；加强与医疗健康业的融合，推进骨科、眼科、耳科、康复科等医疗服务与康复辅助器具配置服务紧密衔接，鼓励有条件的地方研究将基本的治疗性康复辅助器具逐步纳入基本医疗保险支付范围等。通过试点，实现康复辅助器具在养老、助残、医疗、健康等领域的深度融合，发挥对其他行业发展的支撑作用。

（五）营造良好市场环境

重点是加强康复辅助器具质量监督管理，完善监督管理制度，强化部门协同配合，探索形成各司其职、统一协调的监管体制等；加快产品、管理、服务等方面的标准制修订，发挥标准导向作用，培育康复辅助器具检验检测认证机构；强化企业主体责任，推动企业建立覆盖产品全生命周期的质量管理体系并通过相关认证，实行企业产品和服务标准自我声明公开和监督制度，鼓励康复辅助器具产品领域开展自愿性认证等；维护良好市场秩序，严厉打击侵犯知识产权和制售假冒伪劣商品行为，加强康复辅助器具行业信用体系建设，构建以信用为基础的市场监管机制等。通过试点，形成公平竞争的市场秩序，平等保护各类市场主体合法权益。

（六）开展康复辅助器具社区租赁服务

重点是引导各类康复辅助器具配置服务专业机构、生产销售企业开展社区租赁服务，支持社会力量兴办社区租赁服务企业以及与社区租赁服务相关的清洗消毒、配置评估、物流递送等机构；支持社区租赁服务企业广泛开设服务网点，探索应用线上线下相结合的服务模式，有条件的地区，可整合利用相关资源，建立统一的社区租赁服务信息平台；引导老年人、残疾人、医疗卫生服务机构及城乡社区服务机构积极创造条件，为相关企业开设租赁服务网点提供场地；制定社区租赁服务试点产品目录和价格指导目录，明确服务申请、配置评估、服务提供、清洁消毒、投诉维权等各个服务环节工作要求；督促社区租赁服务企业严守产品质量关，确保建立产品追溯制度，用于租赁的产品符合相关法律法规和标准要求；支持将基本型康复辅助器具社区租赁服务纳入当地养老助残福利服务补贴范围。通过试点，指导试点地区率先建成供应主体多元、经营服务规范的康复辅助器具社区租赁服务体系，服务网络覆盖本地区50%左右社区，通过租赁服务配置康复辅助器具的人数逐步增多，康复辅助器具配置率不断提高。

二、相关行业标准

据统计，2023年新增正式实施的增材制造行业标准共计6项，其中医药行业2项，机械行业3项。具体内容如下。

（一）标准号：YY/T 1802—2021

项目名称：增材制造医疗产品　3D打印钛合金植入物　金属离子析出评价方法

行业领域：医药

批准日期：2021－09－06

实施日期：2022－09－01

（二）标准号：YY/T 1809—2021

项目名称：医用增材制造　粉末床熔融成形工艺　金属粉末清洗及清洗效果验证方法

行业领域：医药

批准日期：2021－09－06

实施日期：2022 - 09 - 01

（三）标准号：JB/T 14279—2022

项目名称：增材制造　材料挤出成形3D打印笔

行业领域：机械

批准日期：2022 - 04 - 08

实施日期：2022 - 10 - 01

（四）标准号：JB/T 14280—2022

项目名称：增材制造　桌面级材料挤出成形设备安全技术规范

行业领域：机械

批准日期：2022 - 04 - 08

实施日期：2022 - 10 - 01

（五）标准号：JB/T 14190—2022

项目名称：增材制造设备　桌面型熔融挤出成形机

行业领域：机械

批准日期：2022 - 04 - 08

实施日期：2022 - 10 - 01

（六）标准号：YY/T 1851—2022

项目名称：用于增材制造的医用纯钽粉末

行业领域：医药

批准日期：2022 - 08 - 17

实施日期：2023 - 09 - 01

目标检测

答案解析

一、选择题

1. 以下不属于康复辅具十一大类的是（　　）

A. 个人移动辅助器具　　　　　　　　B. 环境改善和评估辅助器具

C. 矫形器和假肢　　　　　　　　　　D. 计算机断层扫描装置

2. 以下对SLA的描述，错误的是（　　）

A. 其所使用的材料易受紫外线照射变脆或变色

B. 在康复辅具的增材制造中应用最多

C. 是康复辅具3D打印所选用的三种关键技术之一

D. 与SLA类似的技术称为数字光处理（DLP）

3. 康复辅具数字化制备的工艺过程不包括（　　）

A. 数据采集及扫描方法

B. 直接采用三维设计软件进行辅具的CAD设计

C. 模型表面处理与矫形器模型的建立

D. 矫形器的有限元分析

二、简答题

1. 简述康复辅具的定义。

2. 写出三个康复辅具行业标准的名称。

3. 简述三种增材制造康复辅具的材料。

书网融合……

本章小结

第九章　增材制造技术在制药领域的应用

1. **掌握**　3D 打印制药的一般流程及特点。
2. **熟悉**　3D 打印制药与普通制药方式的区别。
3. **了解**　当前 3D 打印制药在制药领域的发展现状和可能的机遇。
4. 学会根据不同药物特性选择合适的 3D 打印方式。
5. 培养科学严谨的工作态度、实事求是和精益求精的工作作风以及良好的职业素养。

➡ 案例分析

案例　一位老人在家中突然晕倒，随即被送入医院。患者意识模糊，CT 扫描显示其颅内出血。医生查明其病因后，发现竟是"分药困难"惹的祸。原来，该患者近日在服用华法林钠片（一种口服抗凝药）时，因找不到家里的切药器，便自己用手掰药，但没把握好比例，于是干脆吃掉一整片药。

问题　1. 为什么老人会出现分药困难的问题？

　　　　2. 可以通过怎么样的方式来避免这样的问题？

第一节　3D 打印制药概述

三维打印（3DP）是一种革命性的增材制造技术，可以通过顺序分层将 3D 设计转化为真实的对象。它的应用范围广泛，从航空、汽车到人体器官和植入物。与传统的生产方法不同，3DP 具有精确分配材料的能力，促进了具有个别化剂量的药物和具有多种活性药物成分（API）的复方制剂的生产，其中每种药物可以放置在不同的层或室。

此外，该技术还可以创建具有不同形状和大小的高精度剂型，使药物能够局部输送到特定的器官，并提供多种药物释放方式。在医疗保健领域，3DP 预计将把药品生产从集中设施过渡到分散空间，如诊所、医院和地方药房。更具体地说，这种技术可以作为一种数字化生产工具，用于远程设计、开发和分发针对每个患者需求的定制药物。

因此，3D 打印被认为是一种非常具有成本效益的制造过程，特别是生产高度复杂的物品。目前它成为生产定制设计对象的首选方法，使用传统的制造技术，如注射成型、机加工和铸造，可能非常昂贵和耗时。

第二节　热熔挤出和熔融沉积成型

一、热熔挤出

热熔挤出（HME）技术建立于 20 世纪 30 年代早期，最初用于制造塑料和橡胶制品。该技术可用于生产用于熔融沉积建模（FDM）3D 打印机所需的细丝。近年来，该技术在制药行业引起人们极大的兴趣，特别是用于口服剂型和给药系统的生产。除此之外，还生产出了适用于 3D 打印的载药细丝。在 HME 工艺中，活性药物成分（API）与热塑性聚合物混合，然后挤压成细丝，用于 3D 打印。

药物热熔挤出（HME）技术作为一种新型的药物传递技术，创造性地将加工技术与药学结合起来进行药物传递研究，专为提高难溶性 APIs 的溶解度和生物利用度，研发新型缓控释制剂，制备掩味微丸或者其他特殊形状的制剂，例如植入剂等，应用前景广阔。其结合了在固体分散技术和机械制备的诸多优势，实现了无粉尘、连续化操作、良好的重现性，以及极高的生产效率。

（一）热熔挤压成形机理

HME 是一个连续的过程，它通过一个孔口加热和加压来熔化或软化材料，以生产形状和密度均匀的新产品。当材料在控制条件下被迫通过热熔挤出机的一个孔或模具，挤压过程可以改变物质的物理性质。挤出机是 HME 的主要组成部分。组成挤出机的一些基本部件包括电机、挤出筒、筒内旋转螺杆和在挤出机末端连接的模具或孔板。包含旋转螺杆的挤出筒通常由几个用螺栓连接在一起的部分组成。该挤出机包含加热器，为材料的熔化或软化提供热量。挤出机内的螺杆可以提供剪切应力，使物料强烈混合。由螺杆在桶内产生的摩擦和提供的热量导致聚合材料融化，然后螺丝把熔化的材料输送到桶里。挤压机通过中央电气控制，该控制直接连接到挤压单元。可以控制的一些工艺参数有螺杆转速每分钟、进料速度、沿机筒和模具的温度，以及脱挥发的真空度。典型挤出机的原理图如图 9 - 1 所示。

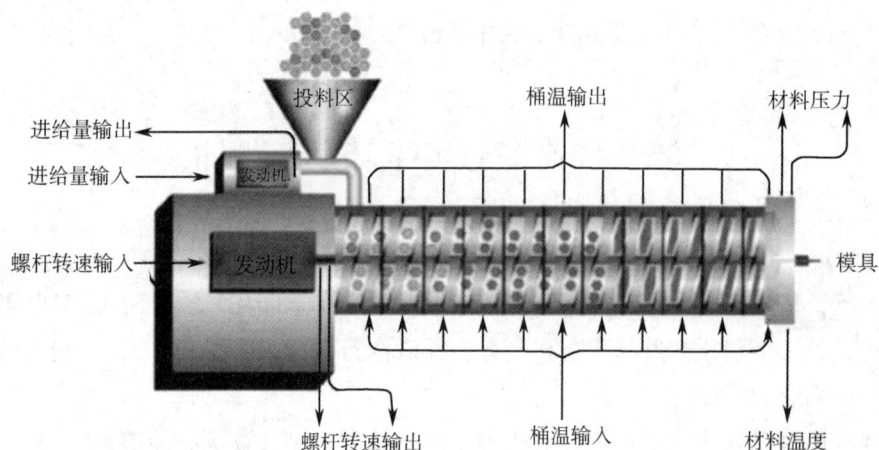

图 9 - 1   HME 挤出机的原理图

（二）热熔挤出在制药领域的应用

热熔挤压是一种连续制造工艺，它将加料、加热、搅拌、成型等多个操作组成一个连续的过程。在药品工业生产中实施连续生产工艺已经获得越来越多的关注。因此，HME 技术在药物剂型和医用植入物的生产中受到了医疗和制药行业的广泛关注。自 20 世纪 80 年代以来，药品申请的 HME 专利数量显著增加，其专利变化情况如图 9 - 2 所示。这是因为 HME 工艺能够满足剂型生产过程中的监管要求，并且具有很大的灵活性，特别是对于日益增长的个性化药品需求。监管机构，如美国食品药品管理局（FDA）鼓励生产过程中涉及过程分析技术（PAT），以加强对产品和过程的理解。PAT 的倡议是在制造过程中密切监控一些关键参数，这有助于在制造过程中优化设计、分析和控制。这可以在 HME 过程中演示和实现。

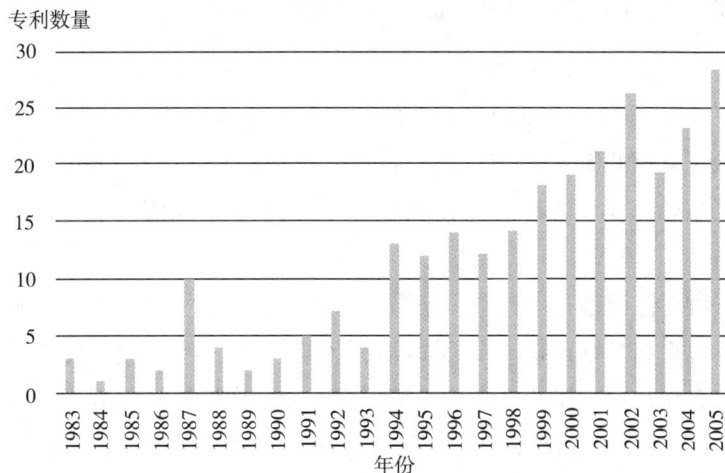

图 9 - 2　药品申请的 HME 专利数量变化图

在热熔挤出制药剂型、原料药、热塑性聚合物载体和塑化剂、抗氧化剂等加工助剂的过程中，在挤出机中加热和混合，然后通过模具强制挤压成颗粒、圆柱体或薄膜。近年来，大量的研究证明 HME 能提高难溶性药物的溶解度和生物利用度。例如，使用一种称为固体分散体的制剂可以提高难溶性原料药（如利托那韦、曲格列酮、Anacetrapib、Suvorexant）的生物利用度，这种制剂可以使用 HME 制备。固体分散体是一个系统，其中一个或多个原料药分子分布到亲水惰性载体基质。基质可以是晶态或非晶态，原料药以分子形式分散在晶态颗粒或非晶态颗粒中。在 20 世纪 90 年代初和 21 世纪初，Rezulin 和 Kaletra 片剂已经成功地使用 HME 工艺生产出来，显示出了更高的生物利用度。这两种片剂采用双螺杆挤出生产，因为它可以提供多种成分均匀一致的混合。从那时起，HME 工艺，特别是双螺杆挤出，在制药行业获得了很大的普及。

使用 HME 时，可通过控制配方和工艺参数来实现不同的释药体系。HME 已被用于开发乙基纤维素、HPMC 和布洛芬的缓释基质微型片。植物硬脂酸钙（CaSt）在开发缓释微丸中也有使用热塑赋形剂的报道。一项研究用聚醚聚氨酯（PU）弹性体制备了一种用于持续给药 UC781 的阴道内杀微生物环（IVRs）IVR。还有一项研究使用 HME 生产双氯芬酸钠（Df - Na）缓释固体脂质基质，挤压产品被压缩成片剂。为了提高药物的适口性，味觉掩盖一直是开发配方的重要考虑因素，使用 HME 工艺生产的药物剂型可以掩盖原料药的苦味。

二、熔融沉积成型

熔融沉积成型（FDM）方法也被称为熔融灯丝制造（FFF）方法，在这种方法中，原材料被熔化并通过热喷嘴挤出。图 9 - 3 为 FDM 制药原理图。该打印机由统称为热端和冷端的挤出机、连接在挤出机下方的喷嘴和绘制 3D 输出的床层组成。药物分散的长丝进入挤出机后，被加热到高温后熔化，熔化后的长丝通过附在挤出机上的喷嘴以细线的形式挤出。当一个被挤压的长丝在床上被拉伸时，它会快速凝固，一层一层地形成一个三维的形状。通

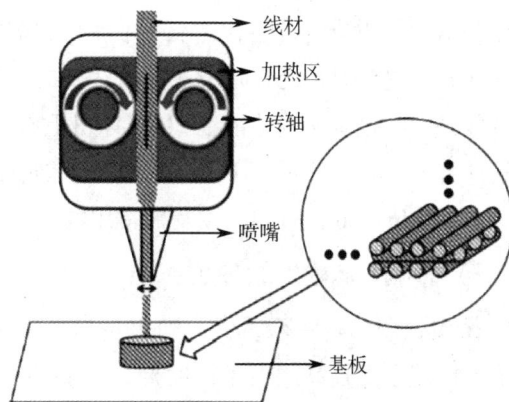

图 9 - 3　FDM 制药原理图

过3D打印机输出药物需要三个步骤：丝材制备、3D设计和参数控制。

（一）丝材制备

FDM使用长丝作为起始材料，可以防止喷嘴堵塞，长丝是通过热熔挤压工艺形成的。HME是一种将悬浮的药物颗粒分散到熔化的亲水聚合物中，为低水溶性药物形成均匀分散体的过程。水溶性差是许多药物生物利用度差的主要问题。因此，药物和聚合物是在高温下使用螺杆旋转模具进行了强烈地混合和搅拌。

由于这一过程是一种固体分散技术，它将难溶性药物在分子水平上分配给亲水载体，因此它可以包含多种活性药物成分，包括难溶性药物。由于固体用量的溶解取决于长丝中使用的聚合物的物理化学特性，因此选择合适的聚合物是很重要的。聚乙二醇、聚乙烯吡咯烷酮和糖醇用于立即释放，甲基丙烯酸共聚物（丙烯酸树脂L100）和乙基纤维素（EC）主要用于缓释，许多其他聚合物作为载体被研究。其中聚乳酸（PLA）和聚乙烯醇（PVA）是片剂3D打印中最常用的热塑性聚合物。

PLA是一种被美国FDA公认为安全的聚合物（GRAS）。它的熔点为165~180℃，被用作涂层剂和控释剂。它还被用于组织工程制造生物相容性支架，培养干细胞，并帮助伤口管理。PVA是一种水溶性合成聚合物，可用作涂层剂、润滑剂、稳定剂和增黏剂（Rowe和Marian2009）。这两种聚合物是可生物降解的，已广泛用于3D打印制药。

在制药行业，由于PVA和PLA的物理化学特性，它们的使用受到限制。然而，一些研究人员试图克服这些限制。聚乙烯吡咯烷酮（PVP）很难用于FDM-3D打印，主要在200~220℃下工作，因为它在400℃以上完全分解。Okwuosa等使用PVP和滑石粉作为润滑剂，使聚合物在110℃下降解，并创造了一种3D打印药物，其细丝含有茶碱或双嘧达莫，可立即释放。通过这个实验，Okwuosa等提出了聚合物的熔点可以被控制，各种聚合物可以应用于制药行业的FDM-3D打印。

（二）3D设计

3D打印的优点之一是设计过程简单。在传统的打印方法中，制作一种印版需要一个具有所要求形状的模具和相应的上、下凸模。因此，需要许多设备来生产各种片剂。然而，使用3D打印机，需要通过修改模型和配置机器才能获得所需的尺寸和形状，甚至是厚度和硬度。

这些3D打印机的特性对于实验室规模的研究更有用，因为药片的大小和形状还没有确定。此外，制作详细和复杂设计的能力进一步强调了3D打印的重要性。软件使精细设计的制造成为可能，人们正在研究一些传统方法难以制造的创造性设计的药物。双室剂量单位是一种用于联合治疗的新型配方，它被分为两个室，每个室都装有不同的药物。在另一项关于漂浮缓释（FSR）的研究中，具有空心结构的片剂显著增加了胃排空时间，这表明了新型制剂的潜力。此外，还开发了通过一种独特设计来控制药物释放的配方，这都是传统片剂方法无法达到的。

就像必须先创建文档才能在2D打印机上打印一样，3D打印机也必须使用软件来创建3D模型。常用的软件有3dsmax，AutoCAD和SketchUp。通过软件设计出所需的3D模型后，将数据保存为各种文件格式，包括3dp，obj，Vrml，以及最常用的stl。

（三）影响打印输出的参数

1. 挤出机温度和层床温度　如果挤出机温度过低，喷嘴可能会由于灯丝的高黏度而阻塞。然而，如果挤出机的温度过高，由于黏度低，可能会发生不受控制的扩散，而且可能会发生热溶性药物的降解。因此需要一个合适的温度来充分熔化长丝，以很好地挤出，并确保活性药物成分的稳定性。

除了挤出机的温度外，床层的温度也会影响第一层药物的黏附与成品的取样。找到合适的床层温度，使床层和打印的药物黏附是至关重要的。

2. 填充百分比和外壳厚度 FDM 3D 打印药物由一个叫作外壳的外壁和一个填充的内部组成。通过改变填充百分比，可以调整内部的密度，这反过来改变了打印药物的孔隙度。填充率可从 0%（完全中空结构）控制到 100%（完全填充结构）。

研究人员进行了实验，研究了 3D 打印药物在不同填充百分比下的物理性质和溶解特性。将荧光素混合在 PVA 中制备灯丝，并使用灯丝改变填充百分比为 10%、25%、50% 或 90% 和 100% 的打印片剂。随着填充百分比的增加，物体内部结构变得更加致密，重量和硬度也相应增加。此外，还比较了碳酸氢盐缓冲液（pH 6.8）中低（10%）、中（50%）和高（90%）填充百分比的片剂的溶出度。10% 填充片的荧光素释放速度最快，90% 填充片的荧光素释放速度最慢。该实验表明，3D 打印机可以通过调整填充百分比来改变片剂的物理尺寸、密度和溶解轮廓。

Kadry 等将 HPMC 和地尔硫卓与单螺杆挤出机混合，以产生 10% 含药细丝，并使用细丝分别制成圆柱形片剂、瓶盖和基底。在填充率在 10%、25%、50% 和 100% 之间时，观察其外观和溶出模式。填充率为 10% 的片剂孔隙度最高，溶解速度最快，填充率越高，缓释模式越大。Kadry 等也根据填充的模式将药片分为六种类型来分析其差异。六边形图案充填体的溶解速度最快，金刚石图案充填体的溶解速度最慢。本实验表明，不仅填充率和填充方式影响药物的溶解。此外，通过将外壳数从 1 个调整到 3 个，观察药物的释放情况，发现随着外壳数的增加，药物的释放速度变慢。

Okwuosa 等制作了壳厚分别为 0.17mm、0.35mm、0.52mm、0.70mm、0.87mm 的核壳片，以研究壳厚的影响。外壳聚合物采用丙烯酸树脂 L100 - 55，采用美国药典（USP - 711）通则中的方法进行溶出试验。薄壳片（0.17mm 和 0.35mm）由于药物在酸性介质中过早释放，未能实现控释。0.52mm 或以上的壳被认为是抵御酸性介质的胃屏障，这表明合适的壳厚需要实现预期的发布。

3. 层厚和打印速度 使用 FDM - 3D 打印机中的细丝以一层一层的方式创建对象，其中一层的高度称为层厚度。涂层的层厚度和打印速度会影响药品的力学性能，如表面硬度和层间的黏附性。

3D 打印速度也会影响沉积层的厚度和外观。打印速度是喷嘴和床的运动速度。打印速度越快，输出药物所需的时间越短。然而，如果喷嘴和床层快速移动，可能会导致更大的振动和更弱的层间结合，从而导致输出质量差。Smith 等用二甲双胍和 PVA 制作了 3D 打印胶囊，并通过控制几个参数对其进行了比较。结果表明，打印速度越快，胶囊的硬度越高。他们还观察了通过 X 射线微计算机断层扫描（XRCT）打印的胶囊的空间均匀性和形态。结果表明，当打印速度从 22mm/s 降低到 10mm/s 时，表面粗糙度进一步降低。Gioumouxouzis 等也指出，灯丝要想正确黏附在床上，需要低于 10mm/s 的低打印速度。这些参数的合适值对于不同的打印机略有不同。

4. X，Y，Z 水平 会影响药物打印的尺寸精度，调整不当容易出现打印失败的情况。

第三节 3D 打印药片相对于现有药片的优势

1. 持续释放和延长释放 在处方研究中，需要控制药物释放特性的能力。例如，用于心血管疾病、感染、糖尿病、癌症等多种疾病的传统联合药物治疗，表明药物立即释放，但在治疗过程中并没有显示出最佳效果。然而，FDM - 3D 打印机可以通过不同的丝状体同时打印多种药物，允许药物以受控的方式释放。通过 3D 打印机改变药物的设计或参数，改善药物释放状况的研究已经相当多。

Skowyra 等利用负载 PVA 和强的松龙的细丝制作了椭圆形的缓释片。调整药物含量为 2mg、3mg、4mg、5mg、7.5mg 和 10mg，比较药物的溶出度。2mg 和 3mg 剂量的片剂比 4mg、5mg、7.5mg 和 10mg

剂量的片剂释放快 100%。这种小片剂的快速释放可以用大的比表面积来解释。尽管释放率因剂量而异，但已证实所有药物剂量均表现出延长释放。

Goyanes 等使用 PVA 制造了一种基于布地奈德和丙烯酸树脂 L100 包被肠溶的 3DP 胶囊（胶囊状片剂）。使用两种商用布地奈德产品（内托考特和皮质）进行比较，并将其溶出度与 3D 打印药物进行比较。当 pH 为 6.8 时，Entocort 在 1 小时内的释放率几乎达到 100%，而 Cortiment 在 10 小时后的释放率只有 50%。通过侵蚀介导的过程，3DP 制备的片在肠道环境中表现出 8 小时的缓释特性。

在另一项实验中，Gioumouxouzis 等设计并 3D 打印了一种三腔室空心胶囊，以延长氢氯噻嗪（HCTZ）的快速释放。其内部部分采用水溶性聚乙烯醇/甘露醇和 HCTZ 混合制成，外部由上帽和下帽组成，材料采用不溶于水和缓慢可生物降解的 PLA 纤维制成。将已上市产品和 3D 打印制剂置于 pH 为 1.2 的环境中 2 小时，然后将 pH 改为 6.8，以比较各制剂的溶出度。在上市产品中，大多数药物在 pH 为 1.2 的条件下可在 10 分钟内释放，而 3D 打印配方在 6 小时内显示出零级动力学，无论 pH 如何。

2. 延迟释放和搏动释放 Melocchi 和 Maroni 用对乙酰氨基酚作为 API，聚乙二醇（PEG）1500 作为增塑剂，制造了一种基于羟丙基纤维素（HPC）的可膨胀/可侵蚀胶囊装置。将打印型和模压型胶囊装置置于 USP38 崩解装置中，观察其释放性能。结果显示，该药物在约 70 分钟后开始缓释，大部分药物在释放开始后 10 分钟内释放，与注射成型制备的对照组相似。使用 3D 打印机创造具有延迟释放功能的空心结构胶囊，这是传统方法难以制造的。Melocchi 等进行了进一步的实验，通过在胶囊装置设计两个分离的隔间，以获得更多功能的个性化发布文件。体外溶出试验是用不同组成和厚度的每个室来实现不同的释放。结果，各种成分和厚度的组合产生了一种脉动释放，显示了两种即时释放，正如预期的那样。3D 打印机能够实现复杂的释放曲线，这表明 3D 打印机在未来的定制医疗中可以以多种方式使用。

Kadry 等创造了由两个由无药层隔开的药物层组成的脉冲释放片。在体外释放试验中，前 1.5 小时，50% 的药物从外层释放，第一次释放后，由于无药层的存在，药物停止释放约 2 小时，然后缓慢开始第二次释放。该实验旨在证实，只需改变药物的设计，而不改变辅料的种类和用量，即可获得所需的释放度。

3. 立即释放 Okwuosa 等成功地利用 3D 打印机使用亲水的聚乙烯吡咯烷酮（PVP）来制造药物，这种药物表现为即时释放，而不是使用 PLA 或 PVA，表现为延长释放。为了使 PVP 完全降解，必须将温度提高到 400℃ 的高温。

然而，由于 FDM - 3D 打印机主要工作在 200～220℃，因此需要降低聚合物的熔点。Okwuosa 团队在 PVP 中添加了增塑剂和滑石粉（一种耐高温的填充剂），以降低聚合物的熔点至 110℃，并使用茶碱或双生成素作为 API 来创建 3D 打印药物，每一种药物都显示出即时释放。这表明，通过控制熔点，可以在较低的温度下操作，这一点非常重要，因为它证明了在 FDM - 3D 打印机中使用多种 API 和聚合物的可能性。

4. 独特的剂型的设计 通过计算机建模设计药物形状的能力在配方开发方面是革命性的。由于可以制造出传统制片方法无法制造的精细形状，各种配方正在出现，以克服现有方法的局限性。此外，还引入了口服双室剂量单位（dcDU），如图 9-4 所示。将药物分为两室，作为一种适合于联合治疗的新剂型。通过使用利福平和异烟肼设计 dcDUs（这两种药物是治疗结核病的一线联合药物），成功地再现了药物的延迟和延长释放谱。

由于利福平在异烟肼溶解的酸性条件下不稳定，如胃肠道环境，导致利福平的生物利用度会受异烟肼的影响，需要在胃肠道中分离异烟肼，并需要延长释放时间。为了应对这一挑战，Genina 将利福平或异烟肼与聚乙烯醚（PEO）混合，并通过 HME 生产长丝，结合 dcDU 结构，以 PLA 材料为外壳，插入

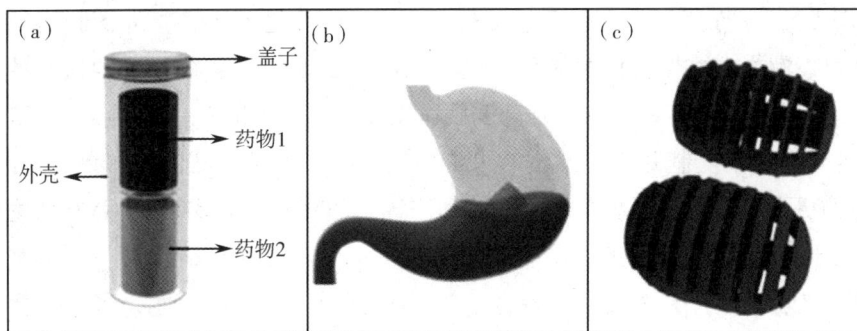

图 9 - 4 口服双室剂量单位（dcDU）

一个利福平和异烟肼长丝，再用聚乙烯醇制成的水溶性盖子密封。为解决上述问题，在文献中，dcDU 已被证明在酸性环境中能延迟利福平或异烟肼的释放，这表明挤压的 PLA 外壳可以保护利福平免受异烟肼溶解在酸中的影响。

在另一种独特的配方中，Chai 等研究了漂浮缓释（FSR）片剂，以提高多潘立酮的生物利用度并减少给药频率。使用 HME 将多潘立酮加入 HPC 长丝，载有多潘立酮 - FSR 药片能够漂浮大约 10 小时。此外，通过 X 射线观察兔子胃里的药片，其漂浮时间超过 8 小时。这些结果显示了新配方的潜力。

3D 打印药物往往表现出延长释放，因为它们含有相对较大分子量的聚合物。为了克服这个问题，阿拉法特等设计了一种独特结构，称为内嵌间隙（gaplets），可以使药物快速释放。gatplets 由 9 个块体连接，它们之间有 8 个空隙。阿拉法特等尝试调整块体的数量、空隙的大小以及不同空隙之间的间距来调整释放时间。茶碱的释放随着间距的增加而增加。经过多项参数优化，最终生产出符合 USP 立即释放标准（30 分钟释药 86.7%）的微胶囊。在本实验中，通过计算机辅助设计快速释放的结果显示，与传统的通过添加崩解剂来崩解片的方法相比，计算机辅助设计的快速释放更有效，这种复杂的设计可以提高现有产品的体外性能。

5. 可接受性 药物的形状和大小会影响患者的服药依从性。目前，大多数药片有椭圆和圆形两种形状，但 3D 打印机可以生产各种形状的药片。特别是对于儿科患者，药物的味道和形状是药物选择和服药依从性的重要因素，药物的大小和形状应易于吞咽，同时保持稳定性和有效性。

6. 私人订制和个性化 随着药物基因组学变得越来越重要，定制给药系统的需求正在显现，因为相同的药物可能会产生不同的反应，这取决于单个患者的情况和疾病的严重程度。特别是儿科患者，其首过代谢增加，细胞色素 P4502C19（CYP2C19）和含黄素单加氧酶 3（FMO3）活性增加，酶不成熟。

对于老年患者，药物和辅料的剂量应根据发病率、器官功能下降或多种药物的使用来谨慎选择。未来的药物治疗应该考虑患者的个人情况，3D 打印机可以提供适当的替代方案。

第四节 3D 打印制药的机遇与挑战

1. 先进制造技术对药物生产具有重要的影响 作为一个百年来基本制作方法变化不大的行业，当今制药行业的一个主要趋势是引入和实施先进的制造理念。连续化生产是其中之一，并在药物生产的各个方面发挥着越来越重要的作用。以连续制造为目标开展技术革新，是与先进的数字化技术紧密结合，建立标准化的生产工艺。

3D 打印具有高度数字化和连续化的属性。最初，3D 打印作为一种全新的生产制造技术，是为了补充传统技术无法完全满足的市场需求。如今，3D 打印凭技术凭借其灵活性和便利性，可以在较低的成本下，实现目标需求量的药物生产，以满足临床样品生产、商业化产品生产和个性化给药的需求。

3D 打印技术可以解决难溶性药物的成药问题，也可以实现新化合物分子的快速处方开发。同时，3D 打印技术通过全方位的数据驱动，可以加速药物研发并实现高效生产。这项技术的高度数字化属性，表明了它具有在各个地区被复制并进行部署的可能，从而能够应对产品供应的挑战。因此，一旦完成 3D 打印这项全新的更先进的制药技术在产品开发和法规上的突破，并实现在 GMP 药物生产中的应用，越来越多的业内人士将会迅速意识到它的优势和便利性。

2. 3D 打印制药工业化生产和个性化给药的能力　3D 打印具有可拓展性，这意味着 3D 打印不仅能应用于临床和商业化生产，还能满足个性化制药需求，即根据每个患者的需求制备所需的剂量和释放行为的药物。事实上，3D 打印技术在药物开发和生产过程中的应用正朝着截然不同的两个方向发展。

像三迭纪这样的新兴技术公司（国内）正在利用 3D 打印技术为药物新剂型设计、早期原型开发和规模化生产提供解决方案。三迭纪与德国默克等多家公司紧密合作，共同推进将高性能辅料应用在 3D 打印制药技术中进行药物处方开发。

3D 打印技术在个性化制药领域也已经取得重大进展。利用 3D 打印技术建立个性化给药的解决方案需要工程学、药物开发、编程和药品监管专家协力合作并开发出必要的原材料、设备和工艺。个性化制药需要通过进一步推动 3D 打印技术并加深对聚合物辅料性能的了解来实现。工业界与学术界的合作有助于深入理解并挖掘聚合物辅料的复杂属性，为未来实现工业应用提供基础。例如，PolyPrint 联合会由多所大学与多家行业机构组成，其目标是明确 3D 打印个性化制药对于聚合物辅料和打印机设计等方面的相关要求。

在生产高度个性化定制的药物时，3D 打印需要具备过程分析技术（PAT）和高精度打印的能力。在进行个性化定制的药物打印时，需要进行药片几何形状和剂量的快速切换，因此，需要定制化产品与目标的形状、重量一致，以保证患者的安全。3D 打印技术可以让诊所和患者更有针对性地进行小批量的个性化定制的药物生产。

3. 全面实现药物 3D 打印仍需创新　实现 3D 打印制药技术的广泛应用需要在多个行业以及多个领域的持续创新。通过采用多种技术相结合，利用不同的辅料并进行不同的结构设计，可以进一步拓宽 3D 打印技术的应用场景。通过这样的方式，3D 打印技术将不仅可以实现小分子固体制剂的开发，也可以在生物制剂，如多肽和核酸药物等领域有所建树。

利用先进的数字化工具实现智能制造将有利于药物 3D 打印技术的长远发展。理想情况下，片剂结构的数字化设计和精准的调控将能够实现准确的程序化释药，而数字化的制造解决方案将能够实现生产过程中的实时检测和放行，提高生产效率，降低生产成本。通过提高控制的准确性，3D 打印技术可以实现更精准的胃肠道靶向递送并控制药物释放。智能制造的最终目标是实现高精度制造，生产高质量、更安全、更可靠的药物产品。

当前，增材制造技术在塑料行业和金属行业的快速进展将促进制药行业的 3D 打印设备和工艺的快速迭代。同时，辅料供应商也在致力于提升现有高分子辅料的质量属性以满足 3D 打印的需求。

默克致力于进一步拓展辅料系列，通过研发新型高分子辅料以满足不同 3D 打印技术的需求。这项工作具有重要的意义和价值，筛选出有效的辅料是包括 3D 打印技术在内的药物制剂开发取得成功的关键。通过收集各种 3D 打印技术领域的专家意见，将有助于开发出更好的辅料。

4. 不同类型的 3D 打印制药技术　在制药行业应用和研究的 3D 打印技术主要分为三大类：基于粉末的成型技术、基于液体的成型技术和基于材料挤出的成型技术。基于粉末的成型技术包括粉末滴落技术（drop on powder，DOP，又称粉末黏结技术）和选择性激光烧结技术（selective laser sintering，SLS）。

基于液体的成型技术包括按需喷墨打印技术（drop on drop，DOD）和光固化技术（stereolithography，SLA）。基于材料挤出的成型技术包括熔融沉积技术（fused deposition modeling，FDM）、注射剂挤出半固体技术（pressure assisted syringe，PAS）和三迭纪首创的热熔挤出沉积技术（melt extrusion deposition，MED®）。

Aprecia 公司的 Spritam® 采用了粉末黏结技术进行生产并成功获批上市。因此，基于粉末的成型技术一直是行业关注的焦点并取得了重要进展，实现了规模化的生产。Aprecia 公司与其他药企正致力于将多颗粒和纳米技术等应用于 3D 打印制药中。

SLS 技术利用激光系统融合粉末颗粒来实现 3D 结构。与传统喷雾干燥制剂工艺不同的是，SLS 无须使用溶剂或喷洒任何液体，因此，获得了广泛的关注。

近年来，基于材料挤出的成型技术，特别是与热熔挤出（hot melt extrusion，HME）相关的技术，在制备无定形固体分散体（ASD）的过程中体现出很大的优势，并开始引起行业的注意。其中，最受关注的是先进熔融滴注成型技术和热熔挤出沉积（MED®）技术。

目标检测

答案解析

一、选择题

1. 挤出机是 HME 的主要组成部分。以下不属于组成挤出机基本部件的是（　　）

　　A. 挤出筒　　　　　　　　　　　　　　B. 筒内旋转螺杆

　　C. 末端连接的模具或孔板　　　　　　　D. 机械臂

2. 以下对制备 FDM 打印用药物丝材影响最小的是（　　）

　　A. 药物分子水溶性差　　　　　　　　　B. 药物分子耐热性差

　　C. 药物分子分子量大　　　　　　　　　D. 未正确选择适合 API 的聚合物

3. 3D 打印药片相对于现有药片的优势不包括（　　）

　　A. 个性化设计　　　　　　　　　　　　B. 批量化生产

　　C. 可延长药物释放时间　　　　　　　　D. 可缩短药物释放时间

二、简答题

1. 简述 FDM－3D 打印制药技术的主要 3 个步骤。

2. 写出 3 个影响 FDM－3D 打印制药技术的工艺参数。

3. 简述 3 种 3D 打印制药技术。

书网融合……

本章小结

参考文献

[1] 王广春.增材制造技术及应用实例 [M].北京:机械工业出版社,2014.

[2] 吕鉴涛.3D 打印 [M].北京:人民邮电出版社,2017.

[3] 杨占尧,赵敬云.增材制造与 3D 打印技术及应用 [M].北京:清华大学出版社,2017.

[4] 吴超群,孙琴.增材制造技术 [M].北京:机械工业出版社,2020.

[5] 周立新,陈晓旭,王晖.产品后处理 [M].重庆:重庆大学出版社,2020.

[6] 潘家敬,王宁,谢琰军.增材制造工程材料基础 [M].北京:机械工业出版社,2021.

[7] 李华雄,张志钢.3D 打印技术及应用 [M].重庆:重庆大学出版社,2021.

[8] 门正兴,白晶斐,银赢.3D 打印技术与成形工艺 [M].重庆:重庆大学出版社,2022.

[9] 张苗苗,黄新朵,赵新.聚合物材料在选择性激光烧结技术中的应用 [J].信息记录材料,2020,21 (06):37 -38.

[10] 杨洁,王庆顺,关鹤.选择性激光烧结技术原材料及技术发展研究 [J].黑龙江科学,2017,8 (20):30 -33.

[11] 靳逸飞,丁永春,温家浩.立体光固化增材制造技术应用现状及展望 [J].金属加工(热加工),2023 (03):18 -23.

[12] 杨宏伟,杜江华,罗丹池,等.基于熔融沉积 3D 打印聚乳酸基复合材料的研究进展 [J].包装工程,2022,43 (23):159 -166.

[13] 魏欣,刘洋子健,张成彬,等.熔融沉积成型用高分子材料的研究进展 [J].化学推进剂与高分子材料,2016,14 (06):26 -30.

[14] 饶玮祎,杨长明,李竞航,等.生物 3D 打印技术及组织工程应用研究进展 [J].电加工与模具,2023 (01):1 -8.

[15] 朱信心,周爱梅,杨柳青,等.生物 3D 打印在医学中的应用 [J].肿瘤代谢与营养电子杂志,2016,3 (02):127 -130.

[16] 张光曦,刘世锋,杨鑫,等.增材制造技术制备生物植入材料的研究进展 [J].粉末冶金技术,2019,37 (04):312 -318.

[17] 胡钧元,李耀文,张叶青,等.3D 打印技术在临床医学中的应用进展 [J].山东医药,2019,59 (35):106 -109.